新时代司法职业教育"双高"建设精品教材

司法部信息安全与智能装备重点实验室丛书

中小安防工程设计

（活页式）

余莉琪　黄超民　匡华清 ◎ 主编

华中科技大学出版社
http://press.hust.edu.cn
中国 · 武汉

内 容 提 要

本书根据智慧司法专业群安全防范技术专业的人才培养目标和教学实践，结合安防系统集成岗位要求，以突出安防职业能力培养、紧贴智能化安防系统应用、遵循安防行业标准规范为目标编写而成。本书聚焦数字安防行业的新技术、新业态、新模式，融通"岗课赛证"，对接安防系统集成岗位，紧跟信息化安防建设和智能化安防应用，体现数字安防新技术、新应用的特点。

图书在版编目（CIP）数据

中小安防工程设计 / 余莉琪，黄超民，匡华清主编. -- 武汉 ：华中科技大学出版社，2025. 1.
（新时代司法职业教育"双高"建设精品教材）. -- ISBN 978-7-5772-1572-3

Ⅰ. X924.4

中国国家版本馆 CIP 数据核字第 2025HD4260 号

中小安防工程设计　　　　　　　　　　　　　　　余莉琪　黄超民　匡华清　主编
Zhong-xiao Anfang Gongcheng Sheji

策划编辑：张馨芳
责任编辑：张梦舒　肖唐华
封面设计：孙雅丽
版式设计：赵慧萍
责任监印：周治超
出版发行：华中科技大学出版社（中国·武汉）　　　电话：（027）81321913
　　　　　武汉市东湖新技术开发区华工科技园　　　邮编：430223
录　　排：华中科技大学出版社美编室
印　　刷：武汉市洪林印务有限公司
开　　本：787mm×1092mm　1/16
印　　张：11.75　　插页：2
字　　数：277千字
版　　次：2025 年 1 月第 1 版第 1 次印刷
定　　价：49.80 元

编写人员

主　编：余莉琪　黄超民　匡华清

副主编：何　勇　周　波　程　静

参　编：张　盈　陈　竞　陈　昊

主 编 简 介

　　余莉琪　武汉警官职业学院副教授、高级工程师，信息系统项目管理师，一级造价工程师，一级建造师；全国司法职业教育教学指导委员会安全防范专业委员会副主任委员，中央司法警官学院智慧监狱研究中心委员，湖北省政府采购评审专家，湖北省职业技能认定高级考评员；获得湖北省教学成果奖 2 项、湖北省教师教学能力比赛奖项 2 项；获得第三届中国安防年度人物、湖北省技术能手等荣誉称号；主编教材 4 部，其中，《安全防范工程法律法规》入选首批"十四五"职业教育国家规划教材；主持省级以上课题 5 项；申请软件著作权 5 项；公开发表论文 20 余篇。

　　黄超民　悠锋科技有限公司创始人、高级工程师、高级技师，湖北省安全技术防范行业协会副会长，武汉市安全技术防范行业协会青年企业家分会副会长，湖北省政府采购评审专家，工业招标投标公共服务平台评标专家，武汉警官职业学院楚天技能名师和产业教授；先后获得湖北省技术能手、全国技术能手、安防工匠人物、中国安防新锐领袖等荣誉称号；主持发明专利 5 项，主持编制团体标准 3 部，参与编制地方标准 1 部，参与编制团体标准 6 部，获软件著作权 30 余项。

　　匡华清　湖北数创智慧安全科技有限公司总经理，2006—2023 年，在浙江宇视科技有限公司（前身为杭州华三通信技术有限公司）从事安防行业的工作；2006 年 7 月，受公司派遣，到湖北开拓视频监控市场，其间完成了孝感市、恩施州、武汉地铁、武汉大学、中国地质大学等的多个重大安防项目；所在团队于 2013 年、2014 年、2015 年、2018 年获得公司金牌团队荣誉，2015 年完成的销售额超过一亿元。

在数字化、智能化时代，安全防护已经成为每个社会成员不可或缺的基本需求。随着技术的进步，安防工程不再局限于传统的物理防护，而是融合了信息技术、物联网技术、大数据技术、人工智能等多个领域的前沿科技，形成了一个跨学科、综合性的新兴领域。《中小安防工程设计》这本书正是在这样的背景下应运而生，旨在为安防工程从业者和学习者提供全面、系统的学习和参考资源。

本书以中小规模安防工程为研究对象，深入探讨了智能化视频监控系统设计、智能化入侵报警系统设计、智能化出入口控制系统设计以及综合安防管理平台设计，着力培养中小型安全防范工程设计这一核心职业能力，扩展培养学生探究学习、终身学习和可持续发展的能力。

本书内容涵盖了安防工程的基础知识，以及系统总体设计、设备选型、工程识图绘图、工程量清单及造价、招投标文件制作、施工安装、系统调试、系统维护保养等关键环节，力求为读者提供一个清晰的学习路径和实用的操作指南。

在编写本书的过程中，作者非常注重理论与实践的结合，力求使内容既具有理论的深度，又具备实践的广度。书中不仅详细介绍了安防工程的设计理念和方法，还通过大量的案例分析展示了安防工程在不同场景下的应用效果和解决方案。此外，本书还特别强调了新技术在安防工程中的应用，如物联网、大数据、云计算、人工智能等，以期帮助读者紧跟技术发展的步伐，把握行业发展趋势。

我希望《中小安防工程设计》这本书能够成为安防工程领域的一本实用手册，无论是安防工程的初学者，还是有一定经验的专业人士，都能从中获得有价值的信息和启发。同时，我们也期待读者能够通过对本书的学习，提升自身的专业技能，为社会的安全稳定贡献自己的力量。

最后，愿《中小安防工程设计》能够成为您职业生涯中的良师益友，助您在安防工程领域不断前行，越走越远。

湖北省安全技术防范行业协会会长　魏利

前言

🔍 一、课程定位

何谓中小安防工程？安防工程,全称安全防范工程,是以安全防范为目的,采用各种技术手段,综合运用安全防范设备、安全防范系统、安全防范技术和安全防范管理等,以保障人身、财产安全的工程。关于中小安防工程的定义,并没有一个严格、统一的标准,但可以从以下几个方面进行理解。

(一)项目规模

中小安防工程通常指的是在规模上相对较小、复杂度相对较低的项目。这些项目可能涉及单个或多个场所的安全防护,如小型办公楼、商铺、住宅区、学校、工厂等。与大型安防工程相比,中小安防工程在设备数量、系统复杂度、覆盖范围等方面较为有限。

(二)投资额度

从投资角度来看,中小安防工程的投资额度相对较小。这主要是因为其项目规模有限,所需的安全防范设备、系统和技术相对较少,因此整体投资成本较低。然而,这并不意味着中小安防工程在安全防护方面的价值就低,相反,它们对于提高特定场所的安全防范水平具有重要意义。

(三)技术应用

中小安防工程在技术应用上相对灵活多样。由于项目规模较小,可以根据实际需求选择合适的安防技术和设备,如视频监控、门禁系统、报警系统、生物识别技术等。这些技术和设备的选择和配置可以根据场所的特点、安全需求以及预算等因素进行灵活调整。

（四）实施难度

相对于大型安防工程而言,中小安防工程的实施难度较低。这主要是因为其项目规模较小、复杂度相对较低,在设计、施工、调试等方面更加容易控制。然而,这并不意味着中小安防工程的实施可以掉以轻心,仍然需要严格按照相关标准和规范实施,确保安防系统的稳定性和可靠性。

综上所述,中小安防工程是指规模相对较小、投资额度较低、技术应用灵活多样且实施难度相对较低的安防工程项目。中小安防工程在保障特定场所的人身和财产安全方面发挥着重要作用。

我们团队根据安全防范技术专业的相关要求编制系列教材,开设相应课程,学生在学习此教材前已学习了"安全防范工程法律法规""安全防范系统项目管理""智能化安防设备安装与调试"等课程。我们在此引用相应的法律条文,也是基于学生已掌握的课程内容的基础上,着重引导学生学原文、懂原理。

二、教材分析

（一）教材依据

根据专业标准、用人单位反馈信息和毕业生就业状况分析,经校内外行业专家、教育教学专家等多方调研讨论,安全防范技术专业的核心职业能力定为掌握中小型安全防范工程的设计与施工。本教材面向中小安防工程设计、售前技术支持等工作岗位,针对客户需求分析、方案设计、工程图纸设计、工程文档编制等典型工作任务,着力培养中小型安全防范工程设计这一核心职业能力,扩展培养学生探究学习、终身学习和可持续发展的能力。

（二）教材结构

本教材以若干具有代表性的任务为载体设计学习情境。总体设置:智能化视频监控系统设计、智能化入侵报警系统设计、智能化出入口控制系统设计和综合安防管理平台设计四个情境。前三个情境按照导学与思政、系统设计、识图绘图、清单计价等环节展开。

🔍 三、教材特色

（一）新形态教材

本教材采用数字化形式，在教学活动中，教师可以充分利用在线工具和在线资源，利用国家智慧教育公共服务平台、武汉警官职业学院安全防范技术专业教学资源库平台等在线平台，创新教学组织方式、师生互动方式，搭建自主式学习平台、真实性学习平台、合作式学习平台、跨学科学习平台，构成教学质量保证的基础。

（二）强化课程思政

本教材全面贯彻习近平总书记关于安全、质量等的重要论述，安全生产是民生大事，事关人民福祉，事关经济社会发展大局，一丝一毫不能放松。大力促进质量发展，狠抓质量提升，推动我国质量事业实现跨越式发展，取得历史性成效。本教材在每个任务中制定了知识目标、能力目标及素养目标，以实现这三维教学目标为依据，教师带领学生完成任务的学习。

本教材的编写得到了湖北省安全技术防范行业协会、武汉市安全技术防范行业协会和悠锋科技有限公司的大力支持，"三师"（专业教师＋企业导师＋德育导师）结合，将立德树人与专业实践相结合，在教学目标中，将知识、技能、素质有机融合，将思政教育融入专业教育。

（三）突出"双创"教育

科技创新是发展新质生产力的核心要素，本教材突出"三新"（新技术、新设备、新材料）应用，积极开发、使用新技术，推广应用新材料和新设备。

（四）对接企业能力证书

本教材对接安防工程企业设计施工维护能力证书，该证书一般由国家相关机构进行评定，评估企业的安防工程设计、施工、维护能力是否达标，在国家相关部门的认定下，安防企业才能获得该证书。该证书的获得不仅可以体现企业的实力和能力，也是其他企业寻求合作、招标等方面的判断依据。对于消费者来说，选择持有该证书的企业可以获得更加优质、更加可靠的服务和产品，可以提高安全防范水平、减少风险和损失。

🔍 四、教材编写人员及分工

学习情境一智能化视频监控系统设计的任务一至任务四由余莉琪撰写,任务五由陈昊撰写,任务六由程静撰写;学习情境二智能化入侵报警系统设计的任务七至任务九由周波撰写,任务十至任务十二由何勇撰写;学习情境三智能化出入口控制系统设计的任务十三至任务十四由陈竟撰写,任务十五至任务十八由黄超民撰写;学习情境四综合安防管理平台设计的任务十九由余莉琪撰写,任务二十由匡华清撰写,任务二十一由张盈撰写。

本教材中的图纸由黄超民审定,课程思政内容由张盈统筹,教材合规性由匡华清审定,全书由余莉琪、何勇统稿。

CONTENTS **目录**

智能化视频监控系统设计

任务一 智能化视频监控系统项目导入

教学目标

知识目标	能力目标	素养目标
理解投标人须知； 理解资格审查及评标标准； 理解合同格式及合同标准； 掌握投标文件的主要组成部分	能够查询项目基本情况； 能够查询申请人资格及企业信用信息； 能够获取招标文件； 能够递交投标文件； 能够分析采购需求	能有效地获得各种资讯，具有分析问题、解决问题的能力； 严守国家法律法规、树立规范操作意识

学情分析

学生已学习安防技术应用、智能化安防设备安装与调试、安防工程制图、安防工程计量与计价、建筑工程法律法规相关知识。

1. 具体的招标文件

具体招标文件请扫描二维码查看。

2. 必备的法律法规知识

《中华人民共和国政府采购法》部分条款如下。

某城安全技术防范系统采购招标文件

第二十二条　供应商参加政府采购活动应当具备下列条件：

（一）具有独立承担民事责任的能力；

（二）具有良好的商业信誉和健全的财务会计制度；

（三）具有履行合同所必需的设备和专业技术能力；

（四）有依法缴纳税收和社会保障资金的良好记录；

（五）参加政府采购活动前三年内，在经营活动中没有重大违法记录；

（六）法律、行政法规规定的其他条件。

采购人可以根据采购项目的特殊要求，规定供应商的特定条件，但不得以不合理的条件对供应商实行差别待遇或者歧视待遇。

第二十六条　政府采购采用以下方式：

（一）公开招标；

（二）邀请招标；

（三）竞争性谈判；

（四）单一来源采购；

（五）询价；

（六）国务院政府采购监督管理部门认定的其他采购方式。

公开招标应作为政府采购的主要采购方式。

《中华人民共和国政府采购法实施条例》部分条款如下。

第三十一条　招标文件的提供期限自招标文件开始发出之日起不得少于5个工作日。

采购人或者采购代理机构可以对已发出的招标文件进行必要的澄清或者修改。澄清或者修改的内容可能影响投标文件编制的，采购人或者采购代理机构应当在投标截止时间至少15日前，以书面形式通知所有获取招标文件的潜在投标人；不足15日的，采购人或者采购代理机构应当顺延提交投标文件的截止时间。

《中华人民共和国招标投标法》部分条款如下。

第二十三条　招标人对已发出的招标文件进行必要的澄清或者修改的，应当在招标文件要求提交投标文件截止时间至少十五日前，以书面形式通知所有招标文件收受人。该澄清或者修改的内容为招标文件的组成部分。

第二十四条　招标人应当确定投标人编制投标文件所需要的合理时间；但是，依法必须进行招标的项目，自招标文件开始发出之日起至投标人提交投标文件截止之日止，最短不得少于二十日。

《中华人民共和国招标投标法实施条例》部分条款如下。

第十六条　招标人应当按照资格预审公告、招标公告或者投标邀请书规定的时间、地点发售资格预审文件或者招标文件。资格预审文件或者招标文件的发售期不得少于 5 日。

　　招标人发售资格预审文件、招标文件收取的费用应当限于补偿印刷、邮寄的成本支出，不得以营利为目的。

《政府采购货物和服务招标投标管理办法》部分条款如下。

　　第五十三条　评标方法分为最低评标价法和综合评分法。

　　第五十四条　最低评标价法，是指投标文件满足招标文件全部实质性要求，且投标报价最低的投标人为中标候选人的评标方法。

　　技术、服务等标准统一的货物服务项目，应当采用最低评标价法。

　　采用最低评标价法评标时，除了算术修正和落实政府采购政策需进行的价格扣除外，不能对投标人的投标价格进行任何调整。

　　第五十五条　综合评分法，是指投标文件满足招标文件全部实质性要求，且按照评审因素的量化指标评审得分最高的投标人为中标候选人的评标方法。

　　评审因素的设定应当与投标人所提供货物服务的质量相关，包括投标报价、技术或者服务水平、履约能力、售后服务等。资格条件不得作为评审因素。评审因素应当在招标文件中规定。

　　评审因素应当细化和量化，且与相应的商务条件和采购需求对应。商务条件和采购需求指标有区间规定的，评审因素应当量化到相应区间，并设置各区间对应的不同分值。

　　评标时，评标委员会各成员应当独立对每个投标人的投标文件进行评价，并汇总每个投标人的得分。

　　货物项目的价格分值占总分值的比重不得低于 30％；服务项目的价格分值占总分值的比重不得低于 10％。执行国家统一定价标准和采用固定价格采购的项目，其价格不列为评审因素。

　　价格分应当采用低价优先法计算，即满足招标文件要求且投标价格最低的投标报价为评标基准价，其价格分为满分。其他投标人的价格分统一按照下列公式计算：

$$投标报价得分 = （评标基准价/投标报价）\times 100$$
$$评标总得分 = F1 \times A1 + F2 \times A2 + \cdots\cdots + Fn \times An$$

　　F1、F2……Fn 分别为各项评审因素的得分；A1、A2……An 分别为各项评审因素所占的权重（A1＋A2＋……＋An＝1）。

　　评标过程中，不得去掉报价中的最高报价和最低报价。

　　因落实政府采购政策进行价格调整的，以调整后的价格计算评标基准价和投标报价。

　　第五十六条　采用最低评标价法的，评标结果按投标报价由低到高顺序排列。投标报价相同的并列。投标文件满足招标文件全部实质性要求且投标报价最低的投标人为排名第一的中标候选人。

第五十七条　采用综合评分法的，评标结果按评审后得分由高到低顺序排列。得分相同的，按投标报价由低到高顺序排列。得分且投标报价相同的并列。投标文件满足招标文件全部实质性要求，且按照评审因素的量化指标评审得分最高的投标人为排名第一的中标候选人。

一、知识点

（一）知识点1：投标人须知

请阅读某市招标文件部分内容。

三、获取招标文件

凡有意参加投标的潜在供应商（若为联合体投标，指联合体所有成员），应当在某市公共资源电子交易平台（简称电子交易平台）进行主体登录，选择用户类型（用户类型勾选"供应商（政府采购）"一项），进行网员注册，并办理CA（标证通）数字证书（具体操作参见电子交易平台—办事指南—交易主体注册登记指南）。

完成注册登记后，请于2023年1月2日至2023年1月9日（北京时间，下同），通过互联网使用CA数字证书登录电子交易平台，在所投标包免费下载招标文件。联合体投标的，由联合体牵头人下载招标文件（具体操作参见电子交易平台—办事指南—招标（资审）文件下载指南）。未按规定从电子交易平台下载招标文件的，采购人（即电子交易平台）拒收其投标文件。

◆ **问题：**

获取招标文件，给出的时间为2023年1月2日至2023年1月9日，若招标人规定2023年2月2日9∶00（北京时间）前递交投标文件是否符合法规呢？

◆ **解答：**

《中华人民共和国招标投标法》第二十四条规定，招标人应当确定投标人编制投标文件所需要的合理时间；但是，依法必须进行招标的项目，自招标文件开始发出之日起至投标人提交投标文件截止之日止，最短不得少于二十日。

《中华人民共和国政府采购法实施条例》第三十一条规定，招标文件的提供期限自招标文件开始发出之日起不得少于5个工作日。采购人或者采购代理机构可以对已发出的招标文件进行必要的澄清或者修改。澄清或者修改的内容可能影响投标文件编制的，采购人或者采购代理机构应当在投标截止时间至少15日前，以书面形式通知所有获取招标文件的潜在投标人；不足15日的，采购人或者采购代理机构应当顺延提交投标文件的截止时间。

本问题中，招标文件开始发出之日是 2023 年 1 月 2 日，2023 年 2 月 2 日距投标文件发出之日超过 20 日，符合法规要求。

练习题

选择题

澄清或者修改的内容可能影响投标文件编制的，采购人或者采购代理机构应当在投标截止时间至少（　　　）前，通过电子采购平台（或网上公告）通知参与本项目的所有潜在投标人。

A. 15 日　　　　　　　　　　B. 15 个工作日

C. 14 日　　　　　　　　　　D. 21 日

答案：A

（二）知识点 2：评标标准

某次评标采用综合评分法，那么，什么是综合评分法？

请阅读某市招标文件部分内容。

第四章　资格审查及评标方法

根据《中华人民共和国政府采购法》《中华人民共和国政府采购法实施条例》《政府采购货物和服务招标投标管理办法》等相关规定确定以下资格审查及评标方法。

一、资格审查

采购人依据《政府采购货物和服务招标投标管理办法》（财政部令第 87 号）规定，按照资格审查标准逐项对投标人的资格进行审查，任一条件审查不通过，其投标将视为无效投标。

二、评标方法

本次评标采用综合评分法。

评标委员会对投标文件的评审分为符合性审查、商务评议、技术评议和价格评议。

1. 符合性审查

评标委员会只对资格审查合格的投标人的投标文件进行符合性审查，审查其是否实质上响应了招标文件的要求，任一条款审查不通过，其投标将视为无效投标。实质上响应的投标应该是与招标文件要求的关键条款、条件和规格相符，没有重大偏离的投标。对关键条款的偏离、保留或反对将被认为是实质上的偏离。评标委员会决定投标的响应性只根据投标文件本身的真实无误的内容，而不依据外部的证据，但投标文件有不真实不正确的内容时除外。

2. 商务评议

评标委员会只对资格和符合性审查合格的投标文件进行商务评议并依据评标标准中的分值进行评分，评价考虑因素：

(1) 投标文件的制作；

(2) 投标人实力；

(3) 投标人类似业绩（提供合同或有效履约证明）；

(4) 投标人的售后服务；

(5) 交货期、质保期。

3. 技术评议

评标委员会只对资格和符合性审查合格的投标文件进行技术评议，并依据评标标准中的分值进行评分，评价考虑因素有所投货物、服务技术指标对招标文件的实质性响应。

4. 价格评议

评标委员会只对资格和符合性审查合格的投标文件进行价格评议，报价分采用低价优先法计算，即满足招标文件要求且投标价格最低的投标报价为评标基准价，其报价分为满分。

根据《政府采购货物和服务招标投标管理办法》第五十三条规定，评标方法分为最低评标价法和综合评分法。

最低评标价法，是指投标文件满足招标文件全部实质性要求，且投标报价最低的投标人为中标候选人的评标方法。技术、服务等标准统一的货物服务项目，应当采用最低评标价法。

综合评分法，是指投标文件满足招标文件全部实质性要求，且按照评审因素的量化指标评审得分最高的投标人为中标候选人的评标方法。评审因素的设定应当与投标人所提供货物服务的质量相关，包括投标报价、技术或者服务水平、履约能力、售后服务等。资格条件不得作为评审因素。评审因素应当在招标文件中规定。

练习题

选择题

根据《政府采购货物和服务招标投标管理办法》第五十三条，货物和服务采购的评标方法分为（　　）和（　　）。

A. 类比评分法　　　　B. 综合评分法　　　　C. 最低评标价法

D. 直接评分法　　　　E. 综合评分法

答案：BC

（三）知识点 3：合同格式及合同标准

某合同格式如下。

××合同

（根据《中华人民共和国政府采购法》和《中华人民共和国劳动合同法》，采购人和供应商之间的权利和义务，应当按照平等的原则以合同方式约定。此合同书仅作为签订正式合同时的参考，正式合同书应包括本参考格式之内容。）

1. 合同文件

本合同所附下列文件是构成本合同不可分割的部分：

（1）采购文件；

（2）合同条款；

（3）中标人提交的响应文件；

（4）技术规格（包括图纸，如果有的话）；

（5）中标/成交通知书。

2. 合同范围和条件

本合同的范围和条件与上述文件的规定相一致。

3. 货物及数量

本合同所提供的货物数量/服务详见采购文件内容"第三章 采购需求"。

4. 合同金额

合同总金额为人民币_____元，分项价格见响应文件报价明细表。

5. 交货时间和交货地点

本合同货物的交货时间和交货地点按采购文件内容"第三章 采购需求"执行。

采购人（盖章）：	卖方（盖章）：
单位地址：	单位地址：
法人代表授权人（签字）：	法人代表授权人（签字）：
联系人：	联系人：
电话：	电话：
传真：	传真：
邮政编码：	邮政编码：
开户银行：	开户银行：
账号：	账号：

（四）知识点 4：投标文件的主要组成部分

招标文件中规定了投标文件的主要组成部分及格式，其主要组成部分有开标一览表、商务文件、技术文件等。统一投标文件的格式即要求投标人必须按照招标文件所规定的内容顺序、文本格式、表格式样等编制投标文件。统一格式有助于评标，尤其在有很多投标人或有多个标段、标包时，格式的统一不仅能提高评审效率，也能减少评审结果的分歧，这对招标人与投标人都是有益的。

练习题

问答题

投标文件的主要组成部分有哪些？

答案：投标文件的主要组成部分有开标一览表、商务文件、技术文件等。

二、技能点

（一）技能点1：查询项目基本情况

请阅读某市招标文件部分内容。

第一章　招标公告（代投标邀请函）

某县教育局后勤信息化建设项目，招标项目的潜在投标人应在某市公共资源电子交易平台获取招标文件，并于2023年2月2日9：00（北京时间）前递交投标文件。

一、项目基本情况

项目编号：××××-202212ZC-1B7001。

项目名称：某县教育局后勤信息化建设项目。

预算金额：544.1万元。

最高限价（如有）：544.1万元。

采购需求：见本文件第三章。

合同履行期限：35日历天。

本项目是否接受联合体投标：否。

在本招标文件中，可以查询到本招标项目的基本情况，注意招标项目名称——某县教育局后勤信息化建设项目，隐含招标人——某县教育局，获取文件的平台——某市公共资源电子交易平台，投标截止时间——2023年2月2日9点前，预算金额544.1万元，采购需求见本文件第三章，合同履行期限35日历天，本项目不接受联合体投标。

（二）技能点2：查询申请人资格及企业信用信息

请阅读某市招标文件部分内容。

申请人的资格要求

1. 满足《中华人民共和国政府采购法》第二十二条规定

《中华人民共和国政府采购法》第二十二条规定的具体内容如下。

供应商参加政府采购活动应当具备下列条件：

（一）具有独立承担民事责任的能力；

（二）具有良好的商业信誉和健全的财务会计制度；

（三）具有履行合同所必需的设备和专业技术能力；

（四）有依法缴纳税收和社会保障资金的良好记录；

（五）参加政府采购活动前三年内，在经营活动中没有重大违法记录；

（六）法律、行政法规规定的其他条件。

采购人可以根据采购项目的特殊要求，规定供应商的特定条件，但不得以不合理的条件对供应商实行差别待遇或者歧视待遇。

投标人未被列入信用中国网站（www.creditchina.gov.cn）失信被执行人、重大税收违法失信主体、政府采购严重违法失信行为记录名单；未被列入中国政府采购网（www.ccgp.gov.cn）政府采购严重违法失信行为记录名单中（承诺函或证明材料）。

信用中国网站界面如图 1-1 所示。

图 1-1　信用中国网站界面

在信用中国网站查询栏输入某公司名称可得到查询结果，如图 1-2 所示。

在中国政府采购网输入某公司名称，也可查询该公司是否有政府采购严重违法失信行为信息记录。中国政府采购网界面如图 1-3 所示，某公司在该网站的查询结果如图 1-4 所示。

图 1-2　查询结果

图 1-3　中国政府采购网界面

练习题

1. 在信用中国网站上查找某公司的信用信息，并截图保存。

2. 在中国政府采购网上查找某公司的政府采购严重违法失信行为信息记录，并截图保存。

图 1-4 中国政府采购网政府采购严重违法失信行为信息记录

（三）技能点 3：获取招标文件

可在电子交易平台获取招标文件，请阅读某市招标文件部分内容。

凡有意参加投标的潜在供应商（若为联合体投标，指联合体所有成员），应当在某市公共资源电子交易平台（简称电子交易平台）进行主体登录，选择用户类型（用户类型勾选"供应商（政府采购）"一项），进行网员注册，并办理 CA（标证通）数字证书（具体操作参见电子交易平台—办事指南—交易主体注册登记指南）。

完成注册登记后，请于 2023 年 1 月 2 日至 2023 年 1 月 9 日（北京时间，下同），通过互联网使用 CA 数字证书登录电子交易平台，在所投标包免费下载招标文件。

《中华人民共和国招标投标法实施条例》第十六条规定，资格预审文件或者招标文件的发售期不得少于 5 日。

《中华人民共和国政府采购法实施条例》第三十一条规定，招标文件的提供期限自招标文件开始发出之日起不得少于 5 个工作日。

练习题

选择题

《中华人民共和国政府采购法实施条例》规定，招标文件的提供期限自招标文件开始发出之日起不得少于（　　）。

A. 5 日　　　　　　　　　　B. 5 个工作日

C. 7 日　　　　　　　　　　D. 7 个工作日

答案：B

（四）技能点 4：投标文件递交

《中华人民共和国招标投标法》第二十四条规定，招标人应当确定投标人编制投标文件所需要的合理时间；但是，依法必须进行招标的项目，自招标文件开始发出之日起至投标人提交投标文件截止之日止，最短不得少于二十日。

投标人在投标截止时间前，可通过互联网使用 CA 数字证书登录电子交易平台，选择所投标包将加密的电子投标文件上传。投标人完成投标文件上传后，电子交易平台即时向投标人发出电子签收凭证，递交时间以电子签收凭证载明的传输完成时间为准。逾期未完成上传或未加密的电子投标文件，采购人（电子交易平台）将拒收。

（五）技能点 5：分析采购需求

请阅读某市招标文件部分内容。

"明厨亮灶"对于提升学校食品安全将起到很重要的作用。该系统（"互联网＋明厨亮灶"视频监控与物联网监测系统）主要由摄像机、智能视频分析设备、物联网监测设备、视频存储设备、路由器、交换机等组成。要求该系统能够将所采集的视频信息和物联网监测数据接入管理平台进行融合处理，同时接入属地市场监管部门"互联网＋明厨亮灶"平台。

1. 后厨人员行为规范监控的需求

系统能够实现对后厨人员厨师服、厨师帽、口罩佩戴情况的实时监测，对后厨人员玩手机、厨师离灶后灶台未关火等情况的实时监测等。

2. 环境监控的需求

系统能够实现对场所环境进行监控及报警，如对厨房垃圾桶未盖、鼠患等异常环境情况的监测，对厨房冷柜等设备的温湿度、电量使用情况的实时监测展示，对乱堆物堆料等环境情况的监测等。

3. 远程视频监控的需求

系统能够实现对餐饮经营单位的食品存储、食品加工过程的全过程智能化视频监控功能，包括对各餐饮经营单位食品生产、加工、流通、消费环节区域视频图像信号和音频信号的采集、传输、切换、控制、显示/监听、分配、存储和回放等。

监控中心的值班人员能通过视频监视器、大屏幕拼接显示设备及监控终端实现对各餐饮经营单位食品生产、加工、流通、消费环节区域的视频监视及控制功能。

4. 视频存储的需求

各餐饮经营单位食品生产、加工、流通、消费环节区域监控摄像机采用网络上传图像，鉴于大部分餐饮经营单位是通过互联网接入监控平台的，所以建议采用前端存储的方式进行视频存储。

5. 信息发布的需求

系统需要支持管理者进行统一的信息发布管理，包括发布图文公告、广告、宣传视频等。

6. 前端兼容的需求

目前社会上的部分餐饮经营单位已经根据政策要求，结合自己的需要建设了"透明厨房"，而大部分并未建设"透明厨房"，所以系统需要考虑对新建的"透明厨房"采用的监控摄像机以及未建设"透明厨房"采用的监控摄像机接入的兼容问题。

知识拓展

中国视频监控行业未来发展前景

在中国红利政策的鼓励和扶持下，中国平安城市、智慧城市、智慧交通等一系列重大项目建设速度的持续加快及社会整体安防意识的提升，促进了中国视频监控设备产业的发展。2020年我国视频监控设备市场规模从2015年的553.5亿元增长至982.8亿元。

一、行业概况

视频监控是安全防范系统的重要组成部分，包括前端摄像机、传输线缆、视频监控平台。视频监控设备是视频监控系统硬件的重要组成部分。视频监控系统根据其使用环境、使用部门和系统的功能的不同而具有不同的组成方式。

随着智慧安防的进一步发展，作为其产业链重要一环的视频监控系统也在不断地进行着升级和改造，从20世纪80年代初的模拟监控到火热的数字监控再到方兴未艾的网络视频监控，中国的视频监控市场可谓是发生了翻天覆地的变化。

从技术角度来看视频监控系统的发展方向，我国视频监控系统经历了第一代模拟视频监控系统（CCTV），第二代基于"PC＋多媒体卡"的数字视频监控系统（DVR），以及第三代完全基于IP的网络视频监控系统（IPVS）三个阶段。

二、全球视频监控行业分析

视频监控系统是安全防范系统的重要组成部分。欧美发达国家近年来的视频监控市场保持了较快增长，且已进入产品高清化、网络化、智能化的升级换代阶段。与此同时，中国、印度、巴西等新兴经济体的视频监控市场需求迅速扩大。2015年全球视频监控行业市场规模为396.7亿美元，2020年达到564.2亿美元。随着各国政府对安防问题的持续关注，IT通信、生物识别等相关技术的进步，安防视频监控市场的全球化趋势不断加快。

从细分市场构成看，2020年全球政府机构及事业单位与商业领域视频监控市场规模为 519.6 亿美元，占总市场的 92.1%；家庭视频监控市场规模为 44.6 亿美元，占比 7.9%。近年来，随着人们的生活水平不断提高，对智能化家电产品的需求也在持续增长，智能家居行业发展提速，在智能家居系统中，视频监控就是智能家居的"眼睛"，因此，智能家居领域视频监控份额不断扩大。

三、国内视频监控行业分析

视频监控是智能家居系统中的一个重要组成部分，在智能家居系统中起着越来越重要的作用。在中国红利政策的鼓励和扶持下，中国平安城市、智慧城市、智慧交通等一系列重大项目建设速度的持续加快及社会整体安防意识的提升，促进了中国视频监控设备产业的发展。

2020 年我国视频监控设备市场规模从 2015 年的 553.5 亿元增长至 982.8 亿元，随着我国平安城市、智慧交通等各项建设的持续开展，以及金融、教育、物业等各行业用户安防意识的不断增强，视频监控市场仍有较大的发展潜力。

监控摄像机是智能家居企业可以用来吸引用户的重要突破点，因为它们为消费者提供了房屋内外的安全感、便利感，以及超越场所空间的实时视频信息。特别是在老人看护、远程家居控制、小孩监护、店铺防盗、居家防盗等应用场景中，监控摄像机起到了不可替代的作用。

四、产业链

1. 产业链结构

中国视频监控设备产业链上游是零组件供应商、算法供应商、芯片供应商以及其他供应商等；中游主要为软硬件设备设计、制造和生产厂商，主要包括前端摄像机、后端存储录像设备、显示屏等设备供应商及系统集成商等；下游为产品终端的城市级、行业级和消费级终端客户应用。

2. 产业链上游——PCB

PCB 是视频监控设备产业链的上游主要零部件之一。近年来，随着我国健康稳定的内需市场，我国 PCB 产业市场规模不断扩大。2021 年我国 PCB 产业市场规模为 4307.55 亿元，其中，刚性单双面板市场规模为 311.44 亿元，多层板市场规模为 1719.14 亿元，HDI 市场规模为 784.84 亿元，IC 载板市场规模为 138.7 亿元，挠性板及其他市场规模为 1353.43 亿元。

3. 产业链下游——交通

交通领域是视频监控设备产业链下游市场的主要客户来源领域之一。经济发展，交通先行。交通运输行业是国民经济发展的重要组成部分，对经济社会发展起着坚实的保障作用。2022 年全年我国完成交通固定资产投资 38545 亿元，比上年增长 6.4%。

五、市场竞争格局

中国视频监控市场相对集中，重点企业有海康威视、大华宇视、天地伟业、同为、英飞拓、苏州科达、高新兴、汉王科技、振芯科技、中威电子等。其中，海康威视、大华宇视、天地伟业占有较大的市场份额，头部厂商的规模效益日益显著。

六、行业发展趋势

随着中国经济的快速发展，中国的视频监控市场也迅速发展，视频监控行业将逐步成熟，产业体系、价值链、产品类型以及应用场景将得到进一步完善。随着人工智能技术的发展，视频监控系统正在变得更加智能化和AIoT 化。

随着国家政策的推动，视频监控行业的供需结构正在加快优化，供应链各环节整合正在加强，新型视频监控服务将受到更多投资和关注，同时消费者对智能视频监控更加重视，大幅提升了行业发展水平。

任务二　智能化视频监控系统方案总体设计

教学目标

知识目标	能力目标	素养目标
识记智能化视频监控系统设计的原则； 识记前端设备的设计要求； 识记传输系统的设计要求； 识记图像质量的性能指标	能够进行存储设备选型及设计； 能够计算存储所需的硬盘个数； 能够针对不同应用场景选择不同的视频图像智能分析算法或功能	培养学生查找资料、收集信息的习惯； 培养学生科学、自主探究的学习精神，争做遵纪守法模范

学情分析

学生已掌握智能化视频监控系统基本原理，掌握智能化视频监控系统的组成。
本任务需要掌握的标准规范如下：
①《安全防范工程技术标准》（GB 50348—2018）第 6.4.4 条和第 6.4.5 条；
②《民用闭路监视电视系统工程技术规范》（GB 50198—2011）第 5.4.3 条和第 5.4.4 条；
③《视频安防监控系统工程设计规范》（GB 50395—2007）第 5.0.1 条、第 5.0.2条、第 5.0.3 条、第 5.0.4 条和第 5.0.10 条；

④《公共安全视频监控联网系统信息传输、交换、控制技术要求》（GB/T 28181—2022）第5.3条、第5.4条、第5.5条和第5.6条。

🔍 一、知识点

（一）知识点1：智能化视频监控系统设计的原则

《安全防范工程技术标准》（GB 50348—2018）第6.4.4条规定如下。

视频监控系统应对监控区域和目标进行实时、有效的视频采集和监视，对视频采集设备及其信息进行控制，对视频信息进行记录与回放，监视效果应满足实际应用需求。

视频监控系统设计要素分析图如图2-1所示。

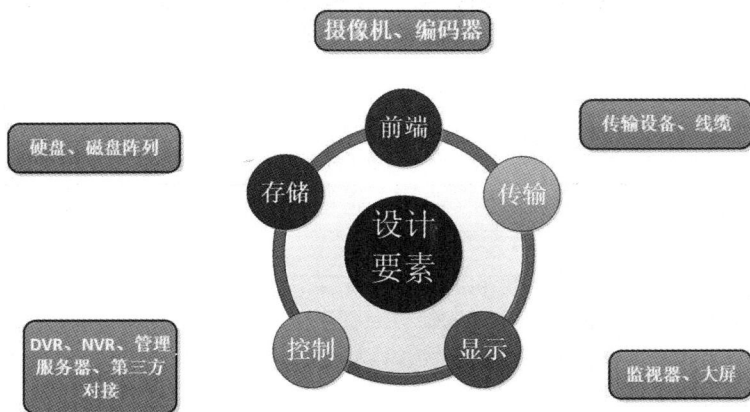

图 2-1　视频监控系统设计要素分析图

《视频安防监控系统工程设计规范》（GB 50395—2007）第5.0.1条规定如下。

视频安防监控系统应对需要进行监控的建筑物内（外）的主要公共活动场所、通道、电梯（厅）、重要部位和区域等进行有效的视频探测与监视，图像显示、记录与回放。

《视频安防监控系统工程设计规范》（GB 50395—2007）第5.0.4条的部分规定如下。

1　系统应能手动或自动操作，对摄像机、云台、镜头、防护罩等的各种功能进行遥控，控制效果平稳、可靠。

2　系统应能手动切换或编程自动切换，对视频输入信号在指定的监视器上进行固定或时序显示，切换图像显示重建时间应能在可接受的范围内。

3 矩阵切换和数字视频网络虚拟交换/切换模式的系统应具有系统信息存储功能，在供电中断或关机后，对所有编程信息和时间信息均应保持。

4 系统应具有与其他系统联动的接口。当其他系统向视频系统给出联动信号时，系统能按照预定工作模式，切换出相应部位的图像至指定监视器上，并能启动视频记录设备，其联动响应时间不大于 4 s。

人数统计摄像机安装示意图如图 2-2 所示。

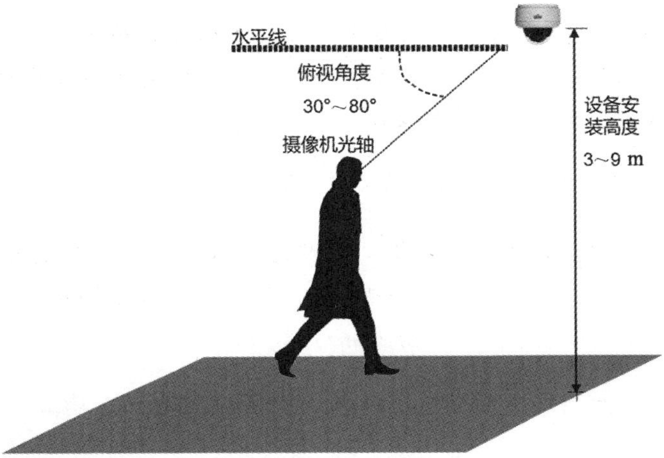

图 2-2　人数统计摄像机安装示意图

视频监控系统图像切换工作方式图如图 2-3 所示。

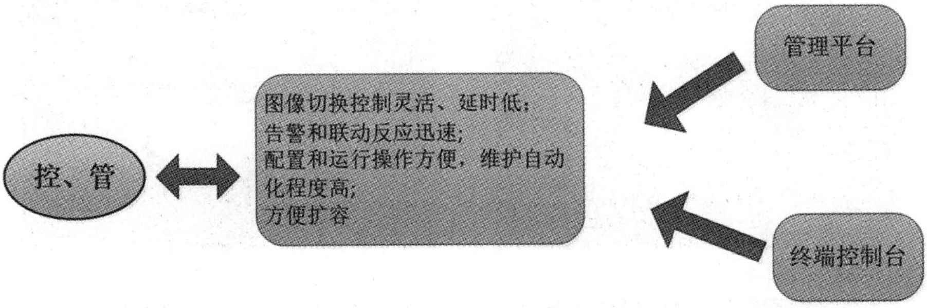

图 2-3　图像切换工作方式图

练习题

选择题

系统应具有与其他系统联动的接口。当其他系统向视频系统给出联动信号时，系统能按照预定工作模式，切换出相应部位的图像至指定监视器上，并能启动视频记录设备，其联动响应时间不大于（　　）。

A. 2 s
B. 3 s
C. 5 s
D. 4 s

答案：D

（二）知识点 2：前端设备的设计要求

《安全防范工程技术标准》（GB 50348—2018）第 6.4.5 条的部分规定如下。

> 视频监控系统设计内容应包括视频/音频采集、传输、切换调度、远程控制、视频显示和声音展示、存储/回放/检索、视频/音频分析、多摄像机协同、系统管理、独立运行、集成与联网等，并应符合下列规定：
>
> 1 视频采集设备的监控范围应有效覆盖被保护部位、区域或目标，监视效果应满足场景和目标特征识别的不同需求。视频采集设备的灵敏度和动态范围应满足现场图像采集的要求。

《视频安防监控系统工程设计规范》（GB 50395—2007）第 5.0.2 条规定如下。

> 前端设备的最大视频（音频）探测范围应满足现场监视覆盖范围的要求，摄像机灵敏度应与环境照度相适应，监视和记录图像效果应满足有效识别目标的要求，安装效果宜与环境相协调。

普通摄像机与低照度摄像机效果、普通摄像机与宽动态功能摄像机效果对比如图 2-4 所示。

普通摄像机效果	低照度摄像机效果

普通摄像机效果	宽动态功能摄像机效果

图 2-4　不同摄像机的效果对比

摄像机的点位一般设计在人流量大、流动性较强的公共场所、建筑内部的重点区域、室外区域，如图 2-5 所示。

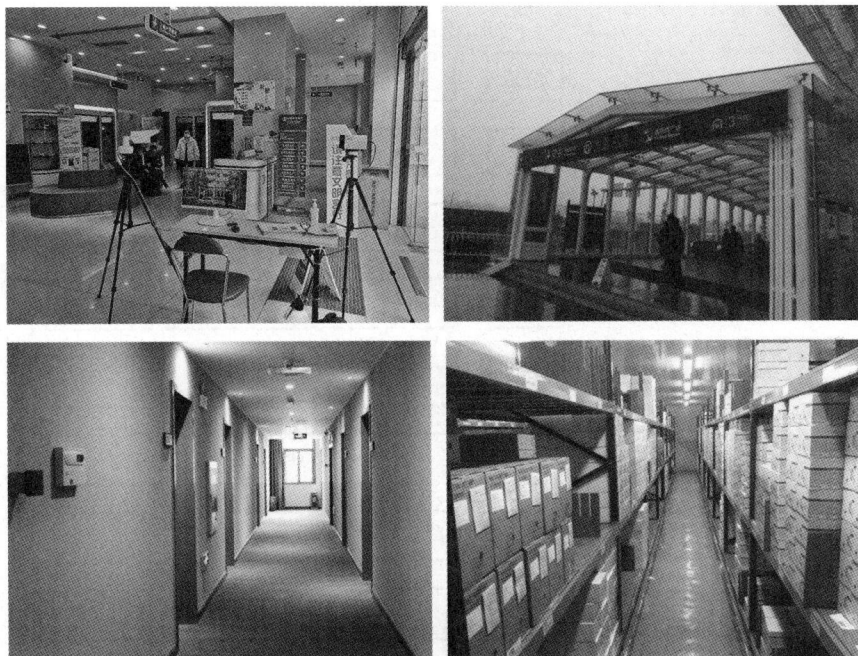

图 2-5　摄像机的点位设计

摄像机具体安装位置、镜头的方向设计以封锁出口为思路，摄像机镜头的方向主要考虑非法入侵人员离开的路径和朝向。

摄像机应用场景图如图 2-6 所示。

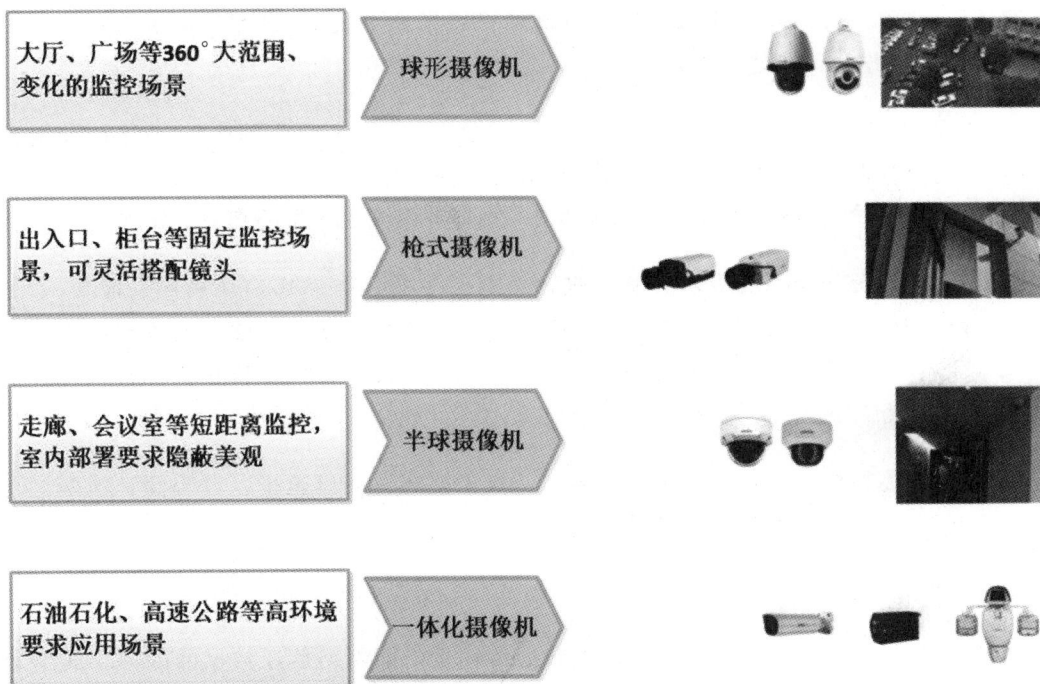

大厅、广场等360°大范围、变化的监控场景	球形摄像机
出入口、柜台等固定监控场景，可灵活搭配镜头	枪式摄像机
走廊、会议室等短距离监控，室内部署要求隐蔽美观	半球摄像机
石油石化、高速公路等高环境要求应用场景	一体化摄像机

图 2-6　摄像机应用场景图

摄像机选型需求分析如图 2-7 所示。

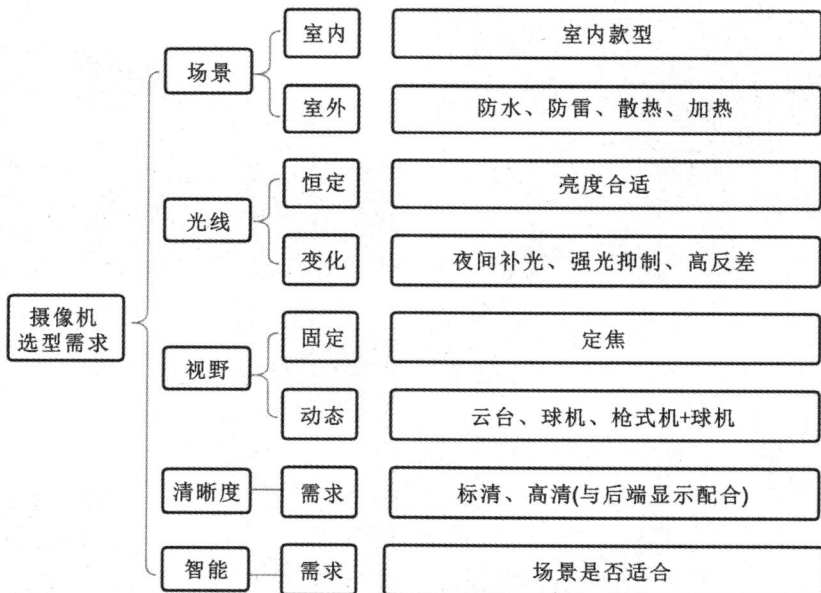

图 2-7　摄像机选型需求分析图

（三）知识点 3：传输系统的设计要求

《安全防范工程技术标准》（GB 50348—2018）第 6.4.5 条的部分规定如下。

系统应具备按照授权对选定的前端视频采集设备进行 PTZ 实时控制和（或）工作参数调整的能力。

PTZ 是 pan/tilt/zoom 的简写，代表云台全方位（上、下、左、右）移动及镜头变倍、变焦控制。图 2-8 所示是 PTZ 摄像机控制原理图。

《安全防范工程技术标准》（GB 50348—2018）第 6.4.5 条的部分规定如下。

系统的传输装置应从传输信道的衰耗、带宽、信噪比，误码率、时延、时延抖动等方面，确保视频图像信息和其他相关信息在前端采集设备到显示设备、存储设备等各设备之间的安全有效及时传递。视频传输应支持对同一视频资源的信号分配或数据分发的能力。

网络性能指标包括带宽、时延、抖动、双工模式、网口速率、自协商、帧率、码率、VBR、CBR、实时性优先和流畅性优先、丢包。

1. 带宽

带宽是指网络系统在单位时间内的数据传输量，即网络传递数据的能力。简单地讲，带宽可以比喻为在高速公路上，单位时间内能通过的车辆数。

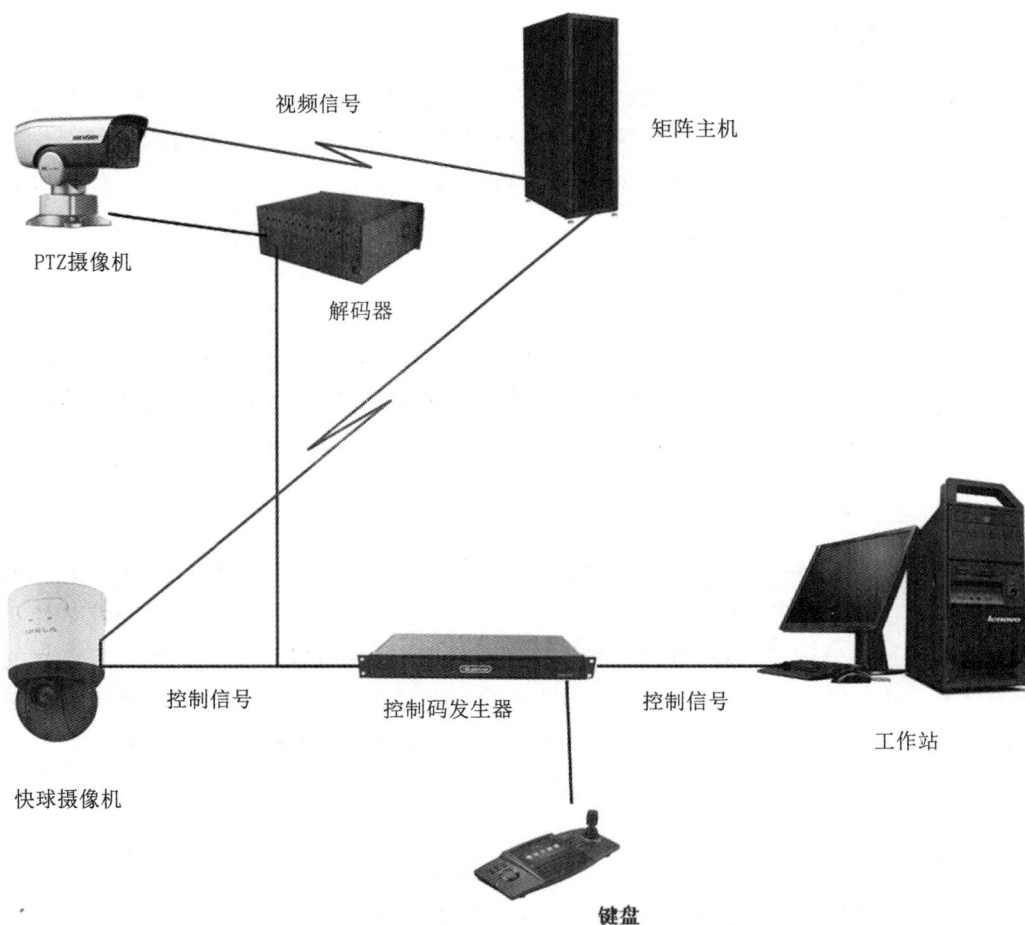

图 2-8 PTZ 摄像机控制原理图

2. 时延

时延是指报文或分组从网络的一端到另一端所需要的时间，网络时延包括了发送时延、传播时延、处理时延、排队时延。在实际中主要考虑发送时延与传播时延。

3. 抖动

抖动是指最大延迟与最小延迟的时间差，比如访问一个网站的最大延迟是 10 ms，最小延迟为 5 ms，那么网络抖动就是 5 ms。

4. 双工模式

双工模式分为全双工模式和半双工模式。全双工模式是指接口在发送数据的同时也能够接收数据，两者同步进行；而半双工模式是指一个时间段内只有一个动作发生，即接口某一时间段只接收数据或只发送数据。

5. 网口速率

网口速率决定了网口传输数据的带宽，一般网络摄像机的网口有 10 Mbps、100 Mbps、1000 Mbps 等速率类型。不同速率的网口也是可能对接成功的，其工作速率最终需要协商一致。例如 100 Mbps 自协商网口和 10 Mbps 自协商网口对接，协商出来的工作速率是 10 Mbps。

6. 自协商

自协商功能是给互联设备提供一种交换信息的方式，使物理链路两端的设备通过交互信息自动选择同样的工作参数（包括双工模式和网口速率），从而使其自动配置传输能力，达到双方都能够支持的最优值。

7. 帧率

一帧就是一幅静止的画面，连续的帧就形成动画，如电影等。我们通常所说的帧就是在 1 s 里传输的图片数，通常用 fps（frames per second）表示。每一帧都是静止的图像，快速连续地显示帧便形成了运动的假象。高帧率可以得到更流畅、更逼真的动画。帧分为 I 帧（采用内压缩算法，关键帧，可单独解码出图片）、P 帧（帧间压缩，表示与前面帧的变化量，无法独立解码，需要参考其他帧解码）和 B 帧（双向预测帧间压缩，无法独立解码，需要参考其他帧解码）。

8. 码率

码率（也称码流）是指视频图像经过编码压缩后在单位时间内的数据流量，是视频编码画面质量控制中最重要的部分之一。我们通常所说的码率是指平均每秒传输的视频比特数量。但帧是每隔一定时间发送的，例如每秒 25 帧，每帧间隔 40 ms，在发送视频帧的那一小段时间内的码率是远大于平均码率的，特别是 I 帧出现的时候。

9. VBR

VBR（variable bitrate）即可变比特率，通常，在清晰度相当的情况下，复杂场景的 I 帧会比简单场景的 I 帧尺寸大一些，场景变化剧烈的 P 帧会比场景变化缓慢的 P 帧尺寸大一些。VBR 在保证平均码率的要求下，可以根据场景和线路的状况动态变更码率，从而获得最优的压缩质量。

10. CBR

CBR（constant bitrate）即恒定比特率，VBR 保证了视频图像的综合清晰度，但是码率起伏较大，在网络传输时容易造成流量拥塞而丢包。CBR 保证码率的均匀性，起伏不会太过剧烈，从而尽量避免了流量拥塞的出现，但 CBR 会影响复杂场景和剧烈变化场景的图像清晰度。

11. 实时性优先和流畅性优先

实时性优先，指编码端相对及时地发送承载视频的 IP 包，解码端相对及时地解码视频流，从而保证视频观看的低延时；但由于广域网传输环境的复杂，会导致部分 IP 包延迟较大，从而导致视频图像的卡顿。流畅性优先时，编码端会尽量均匀地发送承载视频的 IP 包，解码端也会适当缓存一段时间再进行解码播放，这样可以有效地保证视频解码的流畅性，但也会增加解码的延迟。

12. 丢包

丢包就是指一个或多个数据包的数据无法通过网络到达目的地，接收端如果发现数据丢失，会根据队列序号向发送端发出请求，进行丢包重传。

假设 15 个网络摄像机与交换机的连接链路工作在百兆全双工状态，交换机的出端口也是百兆全双工链路，每个网络摄像机发送一路 4 Mbps 的视频流。当 15 个网络摄像机的视频流同时向交换机发送，由于网络摄像机认为出口链路是百兆的，在视频流突发的一瞬间，比如 I 帧出现的时刻，它们就会按照百兆速率发送报文。如此，虽然 15 个网络摄像机总的视频码率为 60 Mbps，远小于交换机的出口带宽 100 Mbps，但当这些视频流的 I 帧到达时刻比较接近时，瞬间的总码率将远超 100 Mbps。这一小段时间内未来得及转发出去的包必须依靠交换机的出口缓存进行暂时存放，类似于蓄水坝，称为缓存。如果缓存不够大，不足以暂存瞬间超标的流量，则会导致视频报文的丢失，解码设备将不能还原出完整的图像，最终引起花屏或者卡顿。

图像卡顿解决方案如下。

① 降低交换机入端口的速率。

② 交换机在全双工链路上有一种流控技术，可以在出端口缓存占比过高时，发送特定的 pause 帧给网络摄像机；能够识别这种 pause 帧的网络摄像机能按照 pause 帧里面的约定，暂停发送一段时间的报文，避免多个监控终端瞬间流量过大引起交换机端口的缓存溢出，从而使交换机端口利用率达到 95％以上，提高交换机的监控终端接入数量。也可以理解为把需要缓存的报文从交换机转移到网络摄像机上，用网络摄像机的缓存来换取交换机的缓存。

③ 通常网络摄像机都支持 CBR 和 VBR 两种码流模式，在网络传输条件不是很好的情况下，可以采用 CBR 模式，保证码流的均匀性，避免拥塞丢包。此外，流畅性优先特性的开启，也可以进一步平滑视频流，解码端的缓存机制还可以给予丢失报文的网络摄像机以重传的机会，避免视频卡顿。

《视频安防监控系统工程设计规范》（GB 50395—2007）第 5.0.3 条规定如下。

系统的信号传输应保证图像质量、数据的安全性和控制信号的准确性。

针对 1～8 个点的小型工程，可以直接采用普通百兆交换机实现网络环境搭建。假如采用 200 万像素的网络摄像机，码流以 6 Mbps 计算，8 台网络摄像机占用带宽为

48 Mbps，而百兆交换机实际使用率为 $50\%\sim70\%$，即 $50\sim70$ Mbps，完全可以满足 8 台网络摄像机的传输要求。

针对 $9\sim50$ 个点的中型工程，仅仅采用百兆交换机是远远不够的，需要更高性能的二层全千兆交换机作为汇聚，才能保证视频信息的流畅传输。

中小型监控系统网络拓扑图如图 2-9 所示。

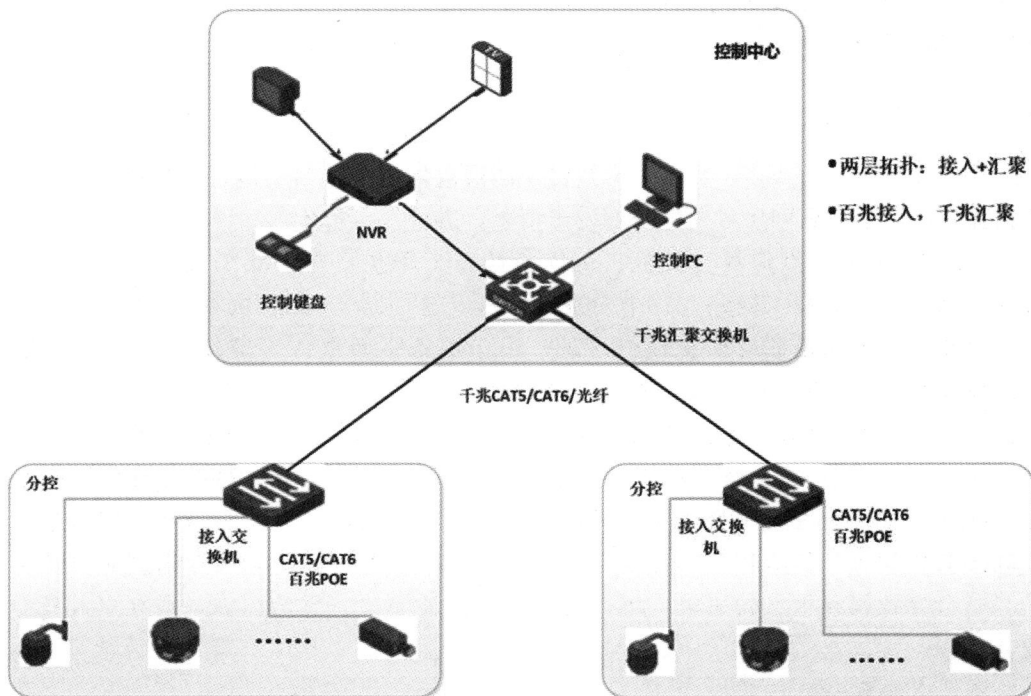

图 2-9 中小型监控系统网络拓扑图

针对 50 个点以上的大型工程，需要采用三层网络架构：接入层、汇聚层、核心层。大型监控系统网络拓扑图如图 2-10 所示。

《公共安全视频监控联网系统信息传输、交换、控制技术要求》（GB/T 28181—2022）部分规定如下。

当联网系统信息经由 IP 网络传输时，端到端的信息延迟时间（包括发送端信息采集、编码、网络传输、接收端信息解码、显示等过程所经历的时间）应满足下列要求：

a）前端设备与信号直接接入监控中心相应设备间端到端的信息延迟时间应不大于 2 s；

b）前端设备与用户终端设备间端到端的信息延迟时间应不大于 4 s。

联网系统 IP 网络的传输质量（如传输时延、包丢失率、包误差率、虚假包率等）应符合如下要求：

a）网络时延上限值为 400 ms；

b）时延抖动上限值为 50 ms；

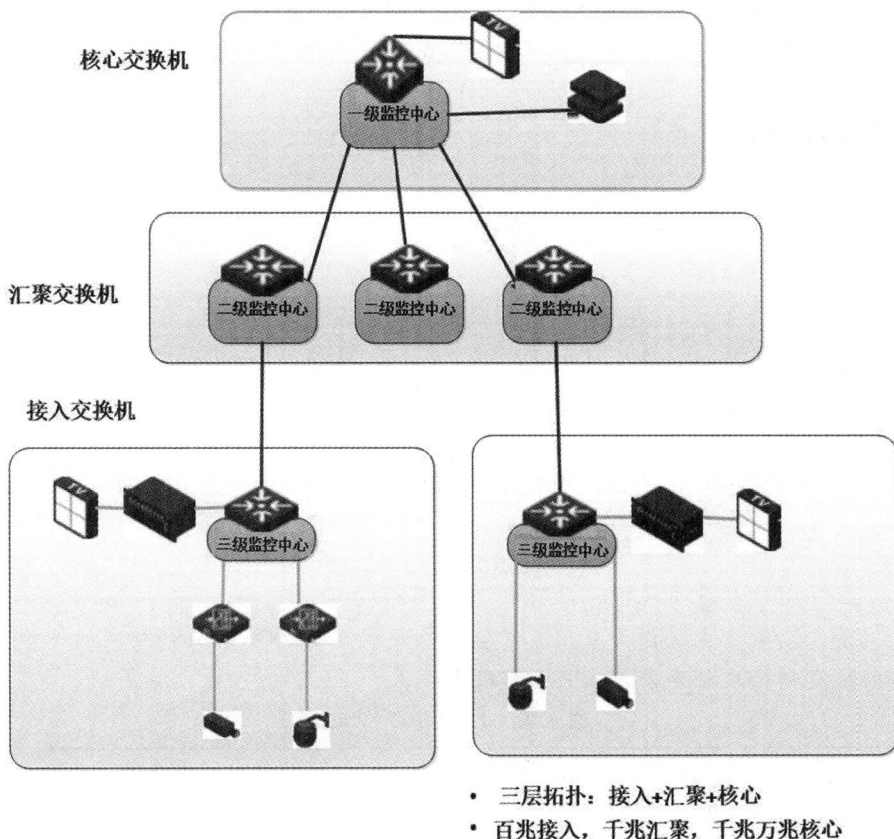

图 2-10　大型监控系统网络拓扑图

c) 包丢失率上限值为 1×10^{-3}；

d) 包误差率上限值为 1×10^{-4}。

传输网络避免单点故障，网络故障恢复时间要求低。

（四）知识点 4：图像质量的性能指标

《安全防范工程技术标准》（GB 50348—2018）第 6.4.5 条的部分规定如下。

防范恐怖袭击重点目标的视频图像信息保存期限不应少于 90 d，其他目标的视频图像信息保存期限不应少于 30 d。

系统应能实时显示系统内的所有视频图像，系统图像质量应满足安全管理要求。声音的展示应满足辨识需要。显示的图像和展示的声音应具有原始完整性。

练习题

选择题

防范恐怖袭击重点目标的视频图像信息保存期限不应少于（　　），其他目标的视频图像信息保存期限不应少于 30 d。

A. 45 d   B. 60 d

C. 80 d   D. 90 d

答案：D

《视频安防监控系统工程设计规范》（GB 50395—2007）第 5.0.10 条部分规定如下。

数字视频信号应符合以下规定：

单路画面像素数量≥352×288（CIF）

单路显示基本帧率≥25 fps

《民用闭路监视电视系统工程技术规范》（GB 50198—2011）第 5.4.3 条规定如下。

数字图像质量主观评价应符合下列规定：

图像质量的主观评价采用五级损伤制评定，其评分分级和相应的图像损伤的主观评价应符合表 5.4.3-1 的规定。

表 5.4.3-1　五级损伤标准

图像质量损伤的主观评价	评分分级
不觉察	5
可觉察，但不讨厌	4
稍有讨厌	3
讨厌	2
非常讨厌	1

数字图像质量的主观评价项目应按表 5.4.3-2 的规定。

表 5.4.3-2　主观评价项目

项目	含义
马赛克效应	单色区域画面存在的色块
边缘处理	图像中的物体边界和线条（横、竖、斜方向），主要考察边界的对比度和变形情况
颜色平滑度	图像中单色区域画面的颜色层次丰富程度
画面的真实性	包括画面的完整性、是否存在色差、对图像的整体接受程度
快速运动图像处理	考察快速运动参考源下图像的连续性
低照度环境图像处理	考察低照度环境图像的清晰度

图像质量的主观评价采用五级损伤制评定，数字图像各主观评价项目的得分值均不应低于 4 分。

练习题

选择题

图像质量的主观评价采用五级损伤制评定，数字图像各主观评价项目的得分值均不应低于（　　）分。

A. 2   B. 3

C. 4   D. 5

答案： C

《民用闭路监视电视系统工程技术规范》（GB 50198—2011）第 5.4.4 条规定如下：

数字图像质量的主观评价方法和要求应符合下列规定：

1　测量方法宜采取单刺激法。

2　主观评价应在摄像机标准照度下进行。

3　主观评价应采用符合国家标准的数字监视器。

4　观看距离应为监视器屏面高度的 4 倍～6 倍，光线柔和。

5　评价人员不应少于 5 名，可包括专业人员和非专业人员。评价人员应独立评价打分，取算术平均值为评价结果。

练习题

选择题

符合数字图像质量的主观评价方法和要求的是（　　）。

A. 主观评价应在摄像机最低照度下进行

B. 观看距离应为监视器屏面高度的 4 倍～6 倍

C. 评价人员不应少于 3 名，可包括专业人员和非专业人员

D. 评价人员应综合评价打分

答案： B

🔍 二、技能点

（一）技能点 1：存储设备选型及设计

《安全防范工程技术标准》（GB 50348—2018）第 6.4.5 条的部分规定如下。

视频存储设备应具有足够的能力支持视频图像信息的及时保存、连续回放、多用户实时检索和数据导出等;

视频图像信息宜与相关音频信息同步记录、同步回放。

录像的存储时间主要与视频采集、编码,存储系统,传输带宽等有关,如图2-11所示是录像存储因素分析图。

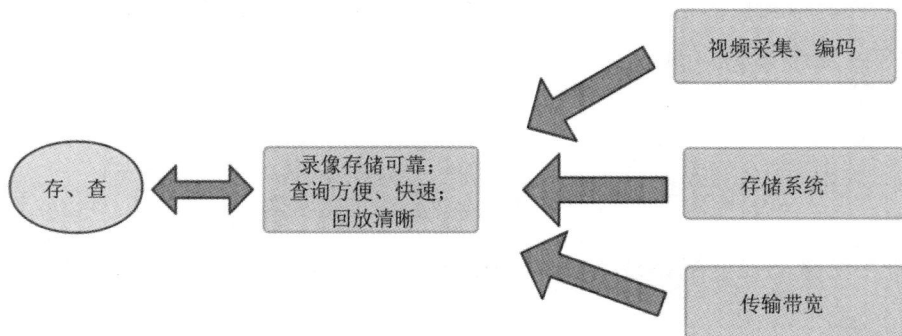

图 2-11　录像存储因素分析图

1. 视频采集、编码

硬盘容量越大,录像保存时间越长;硬盘所接的监控摄像机越多,录像保存时间越短。录像时间和监控摄像机数量成反比。

在计算存储时间的时候需要排除其他因素的干扰,包括移动监测、智能追踪、报警等,这些因素对存储时间会有细微影响,在计算时先忽略不计。

具体监控摄像机端的比特率描述了单位时间内传送数据的多少,是衡量数据传输速率的重要指标(不同品牌的监控摄像机略有差异);码流(data rate)是指视频文件在单位时间内使用的数据流量,是视频编码画面质量控制中最重要的部分之一。如1 Mbps即说明视频文件每秒使用1 Mb的数据流量。

每路1080P视频格式的监控摄像机的比特率为3 Mbps;每路960P视频格式的监控摄像机的比特率为3 Mbps;每路720P视频格式的监控摄像机的比特率为2 Mbps。

若每路监控摄像机所需的数据传输带宽为4 Mbps,10路监控摄像机所需的数据传输带宽为4 Mbps×10＝40 Mbps(上行带宽)。

码流与字节之间的转换为1字节(byte)＝8比特(bit)。

2. 存储系统

存储大小指的是硬盘录像机或者是SD卡的内存大小。硬盘录像机,一般最大能放8块硬盘,若是一个硬盘容量是1 TB,这样硬盘录像机的容量就是8 TB。SD卡平时很常见,有64 GB、128 GB、256 GB等内存大小。1 TB的SATA硬盘有效容量为930 GB,2 TB的SATA硬盘有效容量为1860 GB,3 TB的SATA硬盘有效容量为2790 GB。

3. 传输带宽

网络带宽大小＝比特率大小×监控数量。

监控摄像机端的带宽是指上行带宽，因为监控摄像机端将视频信息上传至视频监控中心。视频监控中心的带宽是指下行带宽。

在实际工程中，选择视频存储系统主要遵循的原则有实用性和先进性原则、安全可靠性原则、灵便性与可扩展性原则、经济性与投资保护原则、可管理性原则。

视频存储设备可分为小型组网存储设备、中等规模存储设备、大规模存储设备。小型组网存储设备包括（混合式）经济型 NVR 产品；中等规模存储设备包括中、高端一体式 NVR 产品，一般采用集中式存储；大规模存储设备包括分体式 NVR 或 IPSAN 产品，一般采用分布式存储。图 2-12 和图 2-13 所示分别是集中式存储拓扑图和分布式存储拓扑图。

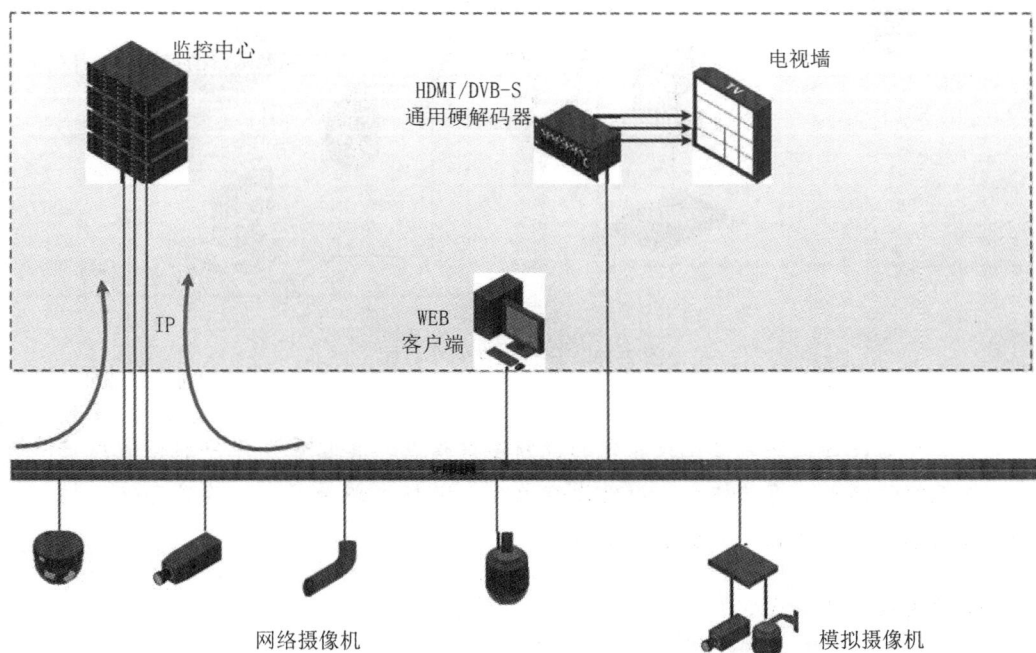

图 2-12　集中式存储拓扑图

练习题

绘图题

绘制集中式存储和分布式存储的示意图。

（二）技能点 2：计算所需要的硬盘个数

《安全防范工程技术标准》（GB 50348—2018）第 6.4.5 条的部分规定如下。

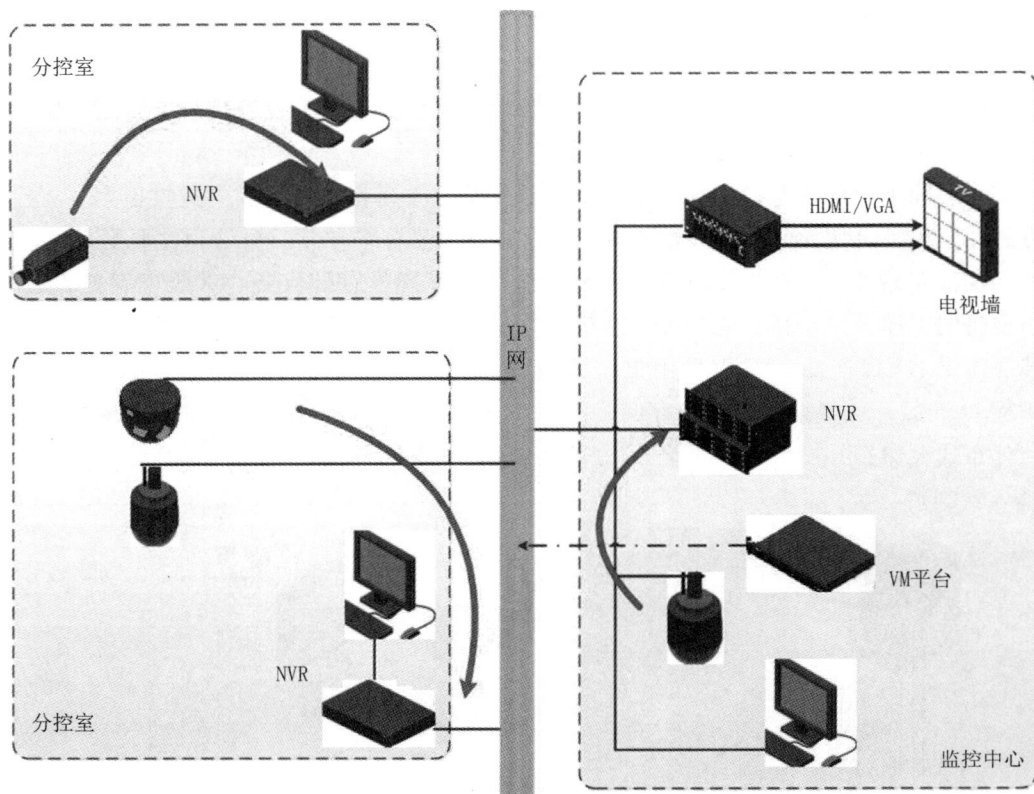

图 2-13 分布式存储拓扑图

存储设备应能完整记录指定的视频图像信息，其容量设计应综合考虑记录视频的路数、存储格式、存储周期长度、数据更新等因素，确保存储的视频图像信息质量满足安全管理要求。

硬盘块数的计算式如下：

所需 1 TB 硬盘块数＝$A \times B \times T \times 1.1 \times 3600 \times 24 \div 8 \div 1024 \div 930$

所需 2 TB 硬盘块数＝$A \times B \times T \times 1.1 \times 3600 \times 24 \div 8 \div 1024 \div 1860$

所需 3 TB 硬盘块数＝$A \times B \times T \times 1.1 \times 3600 \times 24 \div 8 \div 1024 \div 2790$

其中，A 表示前端接入路数，B 表示单路码流大小（以 Mb 为单位），T 表示前端存储时间（以天为单位），码率波动系数为 1.1。

例：如果需要以 10 路 4 Mb 码流存一个月（按 30 天计算），计算需要 3 TB 的硬盘容量应为多少块？

所需 3 TB 硬盘块数＝$A \times B \times T \times 1.1 \times 3600 \times 24 \div 8 \div 1024 \div 2790$

$= (10 \times 4 \times 30 \times 1.1 \times 3600 \times 24 \div 8 \div 1024 \div 2790)$ 块

≈ 5 块

即需要 3 TB 硬盘 5 块。

（三）技能点 3：视频图像智能分析

《安全防范工程技术标准》（GB 50348—2018）第 6.4.5 条的部分规定如下。

> 系统可具有场景分析、目标识别、行为识别等视频智能分析功能。系统可具有对异常声音分析报警的功能。
> 系统可设置多台摄像机协同工作。

在系统中设置需要重点监测的区域，针对该区域中停留人员的行为进行检测，在监控场景中预先设定监测区域的停留时间阈值，出现长时间停留的目标即发出预警信号。在监控场景中预先设定重点监测区域，可实时监控区域内人员变化情况，人员数量超过设定阈值即可及时对人群的聚集行为发出预警信号。

睡岗。对监控区域内人员睡觉情况进行检测，若出现人员睡觉行为（算法检测到目标长时间没动）则产生报警。

离岗。对值班人员在岗情况进行检测，当超过离岗时间及人数不满足所设置人数范围时产生报警。可用于防止值班人员擅离职守。

攀高。对监控区域内人员攀爬超过一定高度的行为进行检测，若目标触发攀高线则产生报警。可用于防止人员翻越护栏或者围墙。

视频图像智能分析方法如下。

人脸识别。人脸识别可识别面部表情，进行种族识别、性别判定、年龄推断等。

着装识别。着装识别包括安全帽识别、反光衣识别、工鞋识别、配饰识别、携带物品识别等。

肢体动作识别。肢体动作识别可进行判断人员是否昏倒、抽烟识别、儿童监护、徘徊识别、奔跑追逐识别、姿势判定、手势识别等。

异常事件识别。异常事件识别包括烟雾火源识别、高空抛物识别、重点对象保护、重点区域保护、遗留物品识别等。

流量检测。流量检测包括人流量检测、车流量检测、目标物流量检测、动物流量检测、速度检测、群体躁动检测等。

轨迹识别。轨迹识别包括行人轨迹识别、车辆轨迹识别、目标物轨迹识别、同行分析、轨迹核对等。

区域设防。区域设防包括时序设防、重点区域关注、电子围栏设防、指定人像设防、指定车辆设防、指定目标物设防等。

动物识别。动物识别包括犬类识别、猪类识别、牛类识别等。

设备识别。设备识别包括仪表识别、设备监控、摄像机巡检、设备异常检测等。

场景识别。场景识别包括电动车识别、电瓶识别、垃圾识别、盲区推断、路政巡检、渣土识别、积水识别、违章识别、乙炔泄漏识别、液氯泄漏识别等。

行为识别。行为识别包括打架斗殴、不慎倒地、紧急求助、聚众围观、危险攀高、非法闯入、异常徘徊、超时滞留、单人独处、单人静坐、逆向行走、尾随跟踪、中途离开、夜间离床、如厕超时、值班睡岗、值班离岗、值班缺岗等。

《安全防范工程通用规范》（GB 55029—2022）是一个强制性标准，安全防范工程必须执行此规范。《安全防范工程通用规范》（GB 55029—2022）详细条款请扫描二维码查看。

《安全防范工程通用规范》
（GB 55029—2022）

─任务三　典型智能化视频监控系统设计

教学目标

知识目标	能力目标	素养目标
明确"明厨亮灶"智能化视频监控系统需求分析； 通过实例理解方案设计思路	能够进行"明厨亮灶"方案架构设计； 能够进行系统功能设计； 能够进行系统详细设计	培养学生严谨的思维能力，全面的观察能力； 培养学生科学、自主探究的学习精神

学情分析

课前学生已理解需求分析的概念、方法。

需求分析常常分为 4 个步骤：收集、过滤、分类、分析。

1. 收集

需求收集需要采集尽可能多的信息和覆盖尽可能多的收集渠道。需求收集来源包括但不限于以下渠道，如用户调研等，图 3-1 所示的是需求收集的多种渠道。

2. 过滤

明确来源，收集到了需求信息之后，可以全部纳入需求池中，进一步进行需求过滤，目的是避免为一些没有价值的需求浪费时间。需求池是需求规划的源头，让我们能够对所有需求有宏观掌握，以及明确哪些是暂时无法彻底消化的需求。

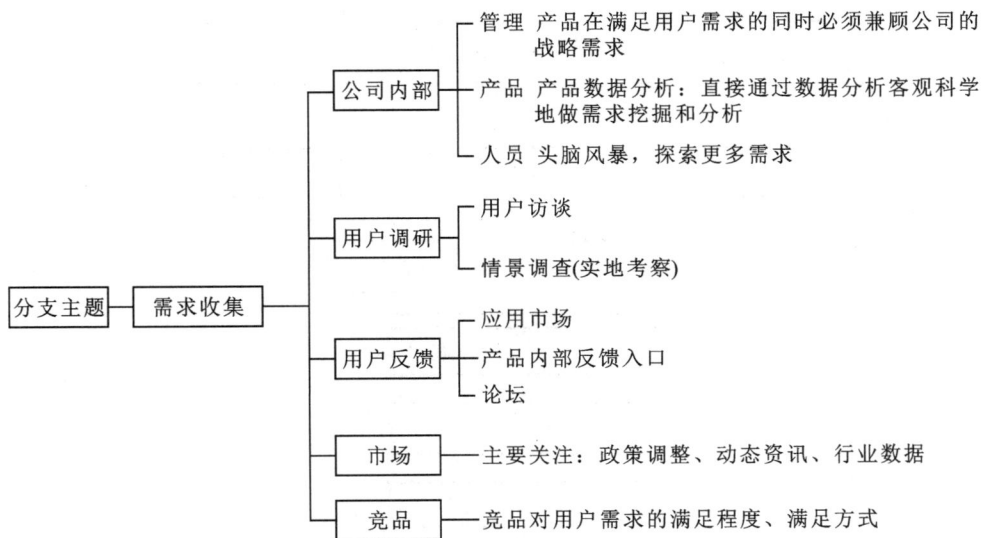

图 3-1　需求收集渠道

3. 分类

具体情况具体分析，需求需要按不同的标准进行分类，例如，可以按照需求的紧急重要程度——重要紧急、不重要紧急、重要不紧急以及不重要不紧急分类；产品类需求可以按照各种用户的使用流程、功能类型等来进行分类；数据类需求可以按照临时需求、项目需求、平台需求等分类。需求梳理人员需要进一步给需求分类。

4. 分析

分析阶段最重要的是针对痛点搭建需求分析框架。完成需求分析的 4 个步骤，能够让需求开发前的工作规范起来，提高工作效率。

系统设计采用"需求—目标—举措"的方法论，进行方案的设计，从"为什么"到"做什么"到"怎么做"三个层次阐述方案的整体设计工作。具体的步骤如图 3-2 所示。

现状调研阶段：采用多维度的调研方式，收集所需要的各类相关信息、需求及发展趋势，包括针对性的需求调研、国内外先进经验的调研等。

分析汇总阶段：基于调研、指导文件、设计思路等方面内容，从现状、发展趋势及政策指引等进行汇总分析，明确建设差距及需求。

方案编制阶段：结合分析结论，明确方案建设目标、技术框架、重点项目等，完成整体规划设计方案，并进行评审。

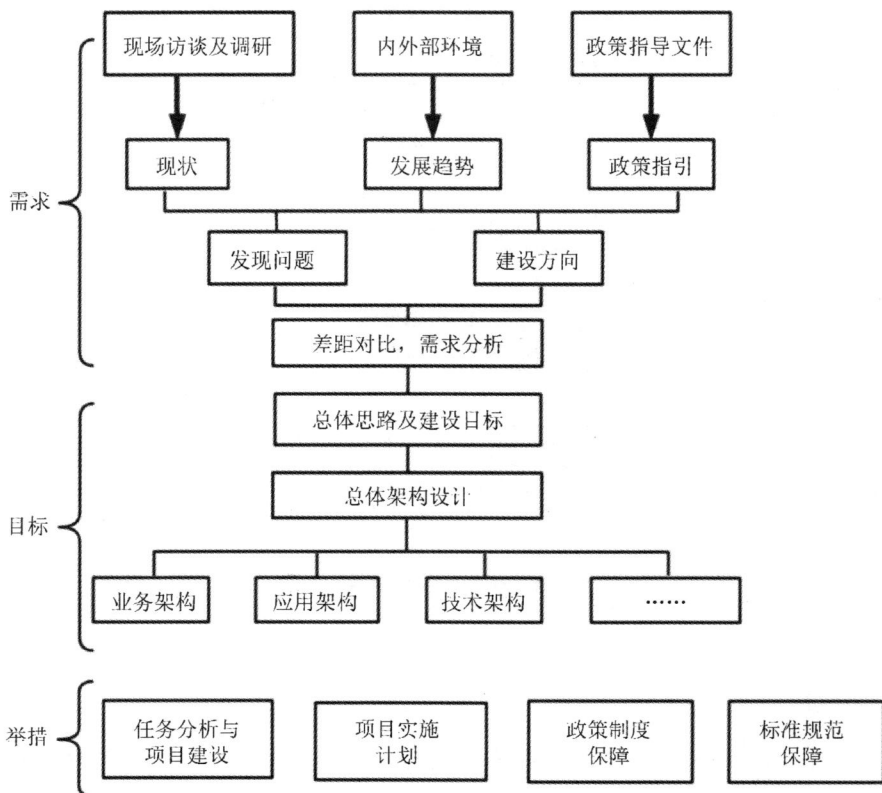

图 3-2　方案设计步骤

🔍 一、知识点

（一）知识点 1："明厨亮灶"智能化视频监控系统需求分析

某招标文件中采购需求分析如下。

1. 后厨人员行为规范监控的需求

系统能够实现对后厨人员厨师服、厨师帽、口罩佩戴情况的实时监测，对后厨人员玩手机、厨师离灶后灶台未关火等情况的实时监测等。

系统能够实现对场所环境进行监控及报警，如对厨房垃圾桶未盖、鼠患等异常环境情况的监测，对厨房冷柜等设备的温湿度、电量使用情况的实时监测展示，对乱堆物堆料等环境情况的监测等。

2. 视频存储的需求

餐饮经营单位食品生产、加工、流通、消费环节区域监控摄像机进行本地 NVR 存储，也可上传图像。

3．信息发布的需求

系统需要支持管理者进行统一的信息发布管理，包括发布图文公告、广告、宣传视频等。

（二）知识点 2：“明厨亮灶”智能化视频监控系统方案架构设计

整个系统方案架构分企业端和监管端两大模块，企业端主要负责视频的采集和对本地公众开放，监控点位的选择与布置按照后厨不同区域的环境特点进行设计。监管端主要通过综合管理系统实现对各食品生产企业加工区和餐饮企业后厨全方位远程监管，并实现大屏上墙应用，同时还能将视频公开到互联网。本任务主要关注企业端设计。

“明厨亮灶”方案架构设计如图 3-3 所示。

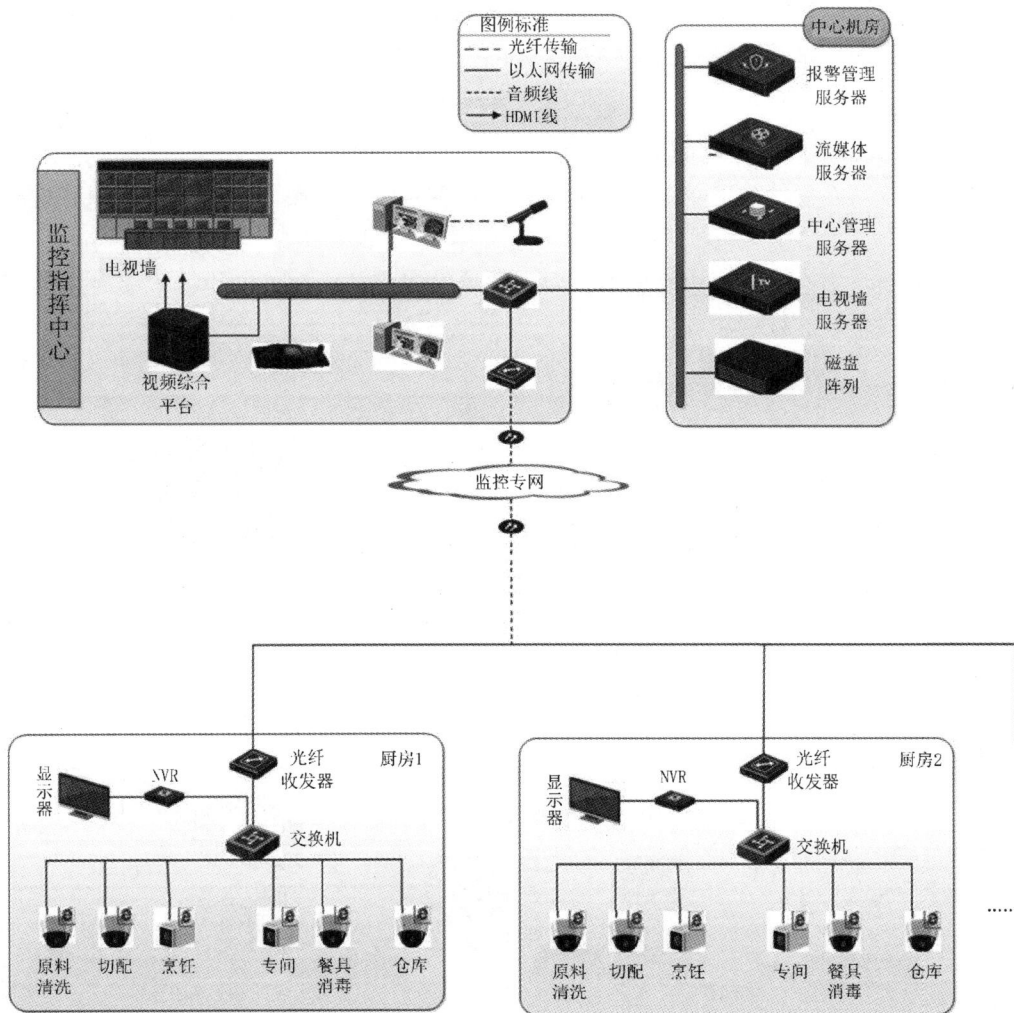

图 3-3 “明厨亮灶”方案架构设计图

二、技能点

（一）技能点 1："明厨亮灶"智能化视频监控系统功能设计

"明厨亮灶"功能设计（企业端）如下。

视频监控。在厨房各关键位置配置高清网络摄像机，对后厨操作全过程及人员、环境 24 小时实时监控，同时通过 NVR 对视频进行存储。

智能报警。采用智能分析，对后厨人员厨师服、厨师帽、口罩佩戴情况实时监测，对后厨人员玩手机、厨师离灶后灶台未关火等情况实时监测，对厨房垃圾桶未盖、鼠患等异常环境情况监测。

采用视频质量诊断，如区域入侵、移动侦测等行为分析功能和检测图像丢失、噪声、雪花和偏色等图像诊断功能，在第一时间发现问题并发出报警信号，有关部门和人员可迅速反应，把事故损失控制到最小范围，该系统 24 小时可靠工作。

本地存储。前端摄像机的视频信号接入 NVR 实现存储数据，录像保存时间达到 30 天以上，以供事后调查取证。

本地展示。在餐饮经营单位大厅配置显示设备，将后厨操作画面实时向顾客进行展示。

报警联动。平台接收对应报警后，对报警信息以短信、邮件和声音等多种提醒手段进行告知。报警联动方式如图 3-4 所示。

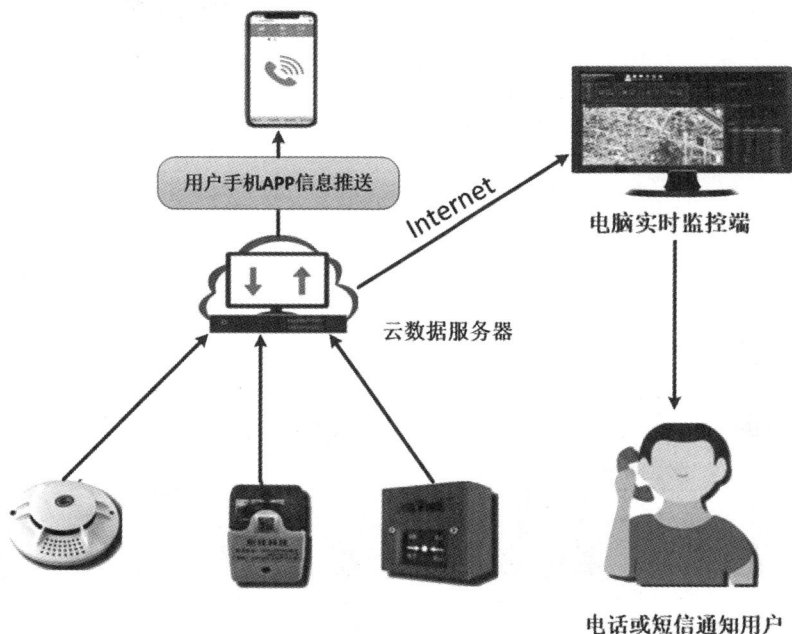

图 3-4 报警联动图

管理功能。管理人员或授权访问人员，能通过访问系统，实时预览监控画面、回放历史监控图像、下载监控资料等。

（二）技能点 2："明厨亮灶"智能化视频监控系统详细建设

1）视频采集

为了实现对后厨卫生安全 24 小时全天候无盲区监管，同时满足联网监管的要求，需要在企业后厨各个区域安装带红外的高清网络摄像机。摄像机的安装需覆盖原料仓库、清洗区、切配区、烹饪区、留样区、餐具消毒区等区域。（见图 3-5）

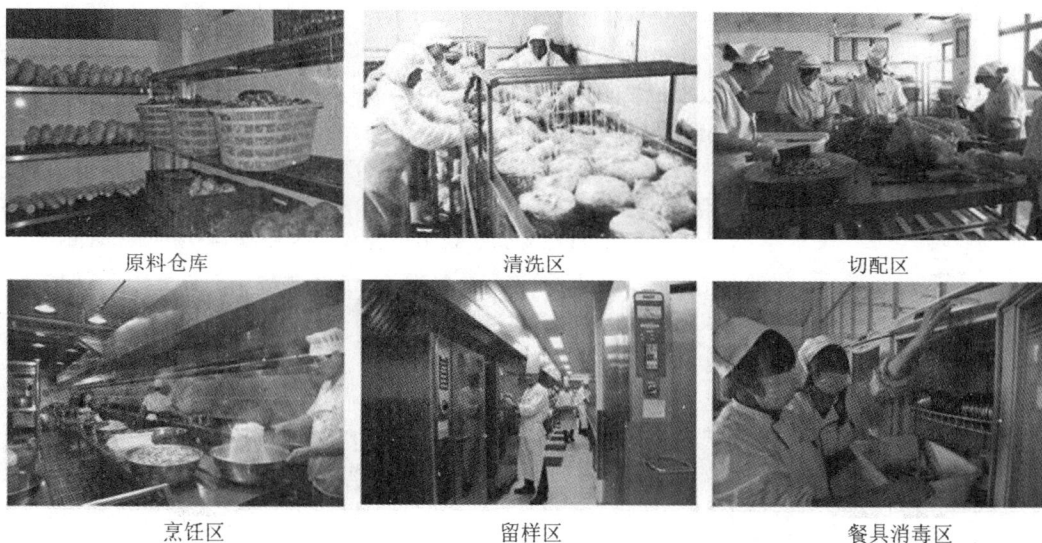

| 原料仓库 | 清洗区 | 切配区 |
| 烹饪区 | 留样区 | 餐具消毒区 |

图 3-5 摄像机安装区域

各区域摄像机布置要求如下。

原料仓库。原料仓库安装的摄像机需要实时采集记录仓库所有物品的存放情况；由于原料的储存需要有一个恒温的环境，选择支持接入温湿度传感器的摄像机，配置温湿度传感器实时采集温湿度数据，并将温湿度数据叠加在视频画面中。

清洗区。清洗区安装的摄像机需保证高清地记录食材清洗全过程，画面应达到食材和操作人员的清晰可分辨。

切配区。切配区安装的摄像机需保证高清地记录食材切配过程，画面应可清晰辨认食材和人员操作过程。

烹饪区。考虑到烹饪区域的特殊性，经常会产生大量的雾气和油污，因此，烹饪区域安装的摄像机需具备良好的防尘防水能力，同时还应具备一定的防油污能力。另外，在烹饪区域安装的摄像机应在不影响摄像机视野的前提下尽量远离灶台，避免明火和高温对电线和设备造成损害。

留样区。留样区安装的摄像机需对准储存留样菜品的冰柜，进行全天候的视频采集，同时，留样设备内应放置温度传感器，实时采集并预警设备内部温度，采集的温度数据直接叠加至视频画面中合成显示。

餐具消毒区。餐具消毒区安装的摄像机应对准餐具消毒设备，应完整地记录餐具清洗、消毒的全过程，同时，由于餐具消毒对于温度有着严格的要求，视频图像还需支持实时温度数据的叠加。

不同类型的摄像机的功能如表 3-1 所示。

表 3-1　不同类型的摄像机的功能

可选择的摄像机	功能
400 万像素星光级 CMOS AI 多摄泛智能网络摄像机	全结构化模式： ① 抓拍人体：支持运动方向、上衣颜色、下装颜色、性别、戴眼镜、背包、拎东西、戴帽子、戴口罩、上衣类型、下装类型、发型、骑行状态、载人状态、骑车类型等属性识别。 ② 抓拍人脸：支持性别、年龄段、戴眼镜、戴口罩、表情、戴帽子等属性识别。 ③ 抓拍非机动车：支持上衣颜色、下装颜色、性别、戴眼镜、年龄段、背包、拎东西、戴帽子、上衣类型、下装类型、戴口罩、发型、非机动车类型等属性识别。 smart 事件模式： 支持越界侦测、区域入侵侦测、进入/离开区域侦测、徘徊侦测、人员聚集侦测、快速移动侦测、停车侦测、物品遗留/拿取侦测、场景变更侦测、音频陡升/陡降侦测、音频有无侦测、虚焦侦测
200 万像素日夜型半球网络摄像机	支持日夜监控
200 万像素 CMOS 红外筒形网络摄像机	支持 smart 侦测：10 项事件侦测，1 项异常侦测

2）视频存储

为了便于视频数据的回查，企业端应配置本地视频存储设备，可选择 NVR。在计算中心机房存储时，还要考虑热备、格式化损耗和 RAID，一般按 5％～15％冗余计算。

3）视频传输

本地采用六类非屏蔽网线综合布线，百兆接入、千兆汇聚的组网方式。

4）公众开放显示（本地）

企业可通过本地 NVR 或另外搭配一台显示设备进行视频展示。显示设备的选择需结合用户实际，可以选配大尺寸液晶显示器或利用餐饮经营单位原有液晶电视机（需带有 HDMI 或 VGA 接口）。

任务四 智能化视频监控系统工程识图绘图

教学目标

知识目标	能力目标	素养目标
记住智能化视频监控系统识图图例； 理解智能化视频监控系统识图常识； 记住常用电缆线的标识和符号； 理解智能化视频监控系统图中各设备的连接关系及所用电缆、系统的电源供给； 掌握视频监控平面图中各设备的安装位置，线路的敷设路由和敷设方法，摄像机的监视方向	能够绘制常用智能化视频监控系统识图图例； 能够绘制智能化视频监控系统组成框图； 能够绘制智能化视频监控系统原理图； 能够绘制智能化视频监控系统示意图； 能够绘制智能化视频监控系统平面图	培养学生精益求精的敬业精神、工匠精神； 培养学生的规范标准意识

学情分析

学生已掌握智能化视频监控系统基本原理及功能，会使用 CAD 及 Visio 软件绘图。

本任务需掌握的标准规范有《安全防范系统通用图形符号》（GA/T 74—2017）等。

🔍 一、知识点

（一）知识点 1：智能化视频监控系统识图图例

《安全防范系统通用图形符号》（GA/T 74—2017）中列出了智能化视频监控系统识图图例，如表 4-1 所示。

表 4-1 智能化视频监控系统识图图例

序号	设备名称	英语名称	图形符号	说明
4301	室内防护罩	indoor housing		
4302	室外防护罩	outdoor housing		
4303	云台	pan/tilt		
4304	黑白摄像机	camera		
4305	网络（数字）摄像机	network（digital）camera	**IP**	见 GB/T 50786—2012 中的表 4.1.3-5
4306	彩色摄像机	color camera		见 GB/T 28424—2012 中的 4102
4307	彩色转黑白摄像机	color to black and white camera		
4308	半球黑白摄像机	hemispherical camera		

续表

序号	设备名称	英语名称	图形符号	说明
4309	半球彩色摄像机	hemispherical color camera		
4310	云台黑白摄像机	PTZ camera		见 GB/T 28424—2012 中的 4103
4311	云台彩色摄像机	PTZ color camera		见 GB/T 28424—2012 中的 4104
4312	一体化球形黑白摄像机	integrated dome camera		见 GB/T 28424—2012 中的 4106
4313	一体化球形彩色摄像机	integrated color dome camera		见 GB/T 28424—2012 中的 4107
4314	180°全景摄像机	panoramic camera covering 180 degree visual angle		

续表

序号	设备名称	英语名称	图形符号	说明
4315	360°全景摄像机	panoramic camera covering 360 degree visual angle	**360**	
4316	云台解码器	receiver/driver	**R/D**	见 GB/T 28424—2012 中的 4109
4317	视频编码器	video encoder	**VENC**	
4318	辅助照明灯	ancillary lamp	⊗	见 GB/T 4728.11—2008 中的 S00483。 如果需要指示照明灯的类型，则要在符号旁标出下列代码： IR——红外线的； LED——发光二极管； IN——白炽灯； FL——荧光的； Na——钠气； Ne——氖； Hg——汞； Xe——氙
4319	视频切换矩阵	video switching matrix	X Y	x 代表视频输入路数； y 代表视频输出路数

序号	设备名称	英语名称	图形符号	说明
4320	视频分配放大器	video amplifier distributor		见 GB/T 28424—2012 中的 4202
4321	字符叠加器	VDM	**VDM**	见 GB/T 28424—2012 中的 4203
4322	画面分割器	screen division fixture	**(n)**	见 GB/T 28424—2012 中的 4204；n 代表画面数
4323	视频操作键盘	video operation keyboard		见 GB/T 28424—2012 中的 4205
4324	视频控制计算机	video control computer	**VC**	见 GB/T 28424—2012 中的 4206
4325	视频解码器	video decoder	**VDEC**	

续表

序号	设备名称	英语名称	图形符号	说明
4326	CRT 监视器	cathode ray tube TV display	(n) CRT	n 代表监视器规格
4327	液晶显示器	liquid crystal display	(n) LCD	n 代表显示器规格
4328	背投显示器	digital light processor	(n) DLP	n 代表显示器规格
4329	等离子显示器	plasma display panel	(n) PDP	n 代表显示器规格
4330	LED 显示器	LED monitor	(n) LED	n 代表显示器规格
4331	拼接显示屏	splicing display screen (digital information display)	m×n	m 代表拼接显示屏行数；n 代表拼接显示屏列数

续表

序号	设备名称	英语名称	图形符号	说明
4332	多屏幕拼接控制器	multi-screen splicing controller	**MCC (x/y)**	x 代表视频输入路数； y 代表拼接输出路数
4333	投影仪	video projection		见 GB/T 28424—2012 中的 4305
4334	投影屏幕	projection screen		见 GB/T 28424—2012 中的 4308
4335	数字硬盘录像机	digital hard disk video recorder	**DVR**	见 GB/T 28424—2012 中的 4401
4336	网络硬盘录像机	network hard disk video recorder	**NVR**	
4337	磁盘阵列	disk array		见 GB/T 28424—2012 中的 4403
4338	光盘刻录机	CD writer		见 GB/T 28424—2012 中的 4404

注:《安全防范系统通用图形符号》(GA/T 74—2017) 是推荐性标准,不是强制性标准,有时安防行业设计单位会以设备的具体形状较形象地制作一种图标作为系统设备的图标,并且在图例说明中明确标示。

（二）知识点 2：智能化视频监控系统识图常识

智能化视频监控系统施工图纸包括图纸目录与设计说明、主要设备材料表、系统图、平面图等资料，图纸目录表如表 4-2 所示。

图纸目录与设计说明包括施工图图纸目录、图纸内容、图纸数量、工程概况、设计依据、图中未能表达清楚的各有关事项以及必须重点强调的注意事项等。

表 4-2　图纸目录表

序号	图纸名称	图号	图幅	修改	备注
01	图纸目录	001	A3		
02	施工图设计说明（一）	002	A3		
03	施工图设计说明（二）	003	A3		
04	施工图设计说明（三）	004	A3		
05	拆除平面图	DI-01	A3		
06	平面布置图	FA-01	A3		
07	天花布置图	CE-01	A3		
08	地面铺装图	FP-01	A3		
09	开关连线图	SW-01	A3		
10	机电布置图	EM-01	A3		
11	照明平面图	LI-01	A3		
12	插座平面图	SO-01	A3		
13	弱电插座平面图	WSO-01	A3		
14	立面图（一）	EL-01	A3		
15	立面图（二）	EL-02	A3		
16					
17					
18					
19					
20					

主要设备材料表包括工程中所使用的各种设备和材料的名称、型号、规格、数量等，是编制购置设备、材料计划的重要依据之一。

智能化视频监控系统安装图详细表示出设备的安装方法，对安装部件的各部位均有具体图形和详细尺寸的标注。

半球摄像机的产品尺寸如图 4-1 所示。

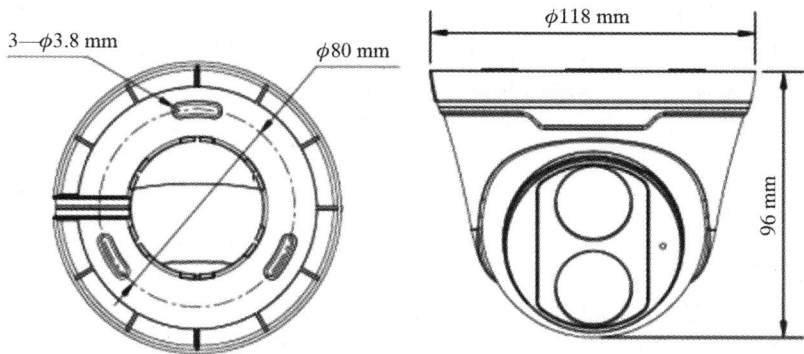

图 4-1　半球摄像机产品尺寸

　　系统图能确定智能化视频监控系统的设备和器材的相互联系，帮助工作人员了解摄像机、视频分配器、视频切换器、视频矩阵和中心控制设备等的性能、数量，以及安装的位置。工作人员通过阅读系统图，了解系统基本组成之后，就可以依据平面图编制工程预算和施工方案，然后组织施工，智能化视频监控系统的总平面图能够显示出系统在总建筑图中的位置、监控范围、控制室的位置、传输线的走向、系统的接地等。智能化视频监控系统图如图 4-2 所示。

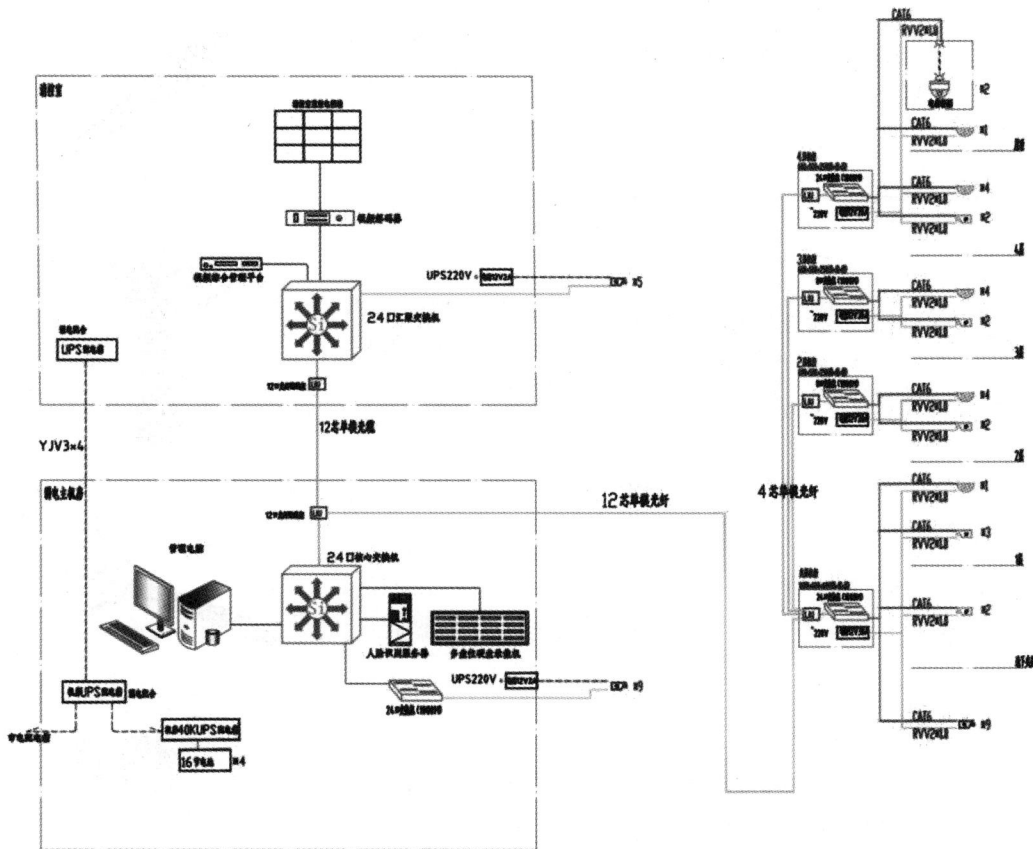

图 4-2　智能化视频监控系统图

平面图用来说明设备的编号、名称、型号及安装位置，确定传输线的走向、线路的起始点、敷设部位、敷设方式，以及所用导线型号、规格、根数、管径大小等。有可能的话还可在平面图中绘出摄像机的拍摄区域或范围。

练习题

问答题

智能化视频监控系统施工图纸的组成有哪些？

答案：图纸目录和设计说明、主要设备材料表、系统图、平面图等。

（三）知识点 3：常用电缆线的符号

常用电缆线的符号如表 4-3 所示。

表 4-3　常用电缆线符号

符号	含义	使用场合	外观
SYV	实心聚乙烯绝缘射频同轴电缆	采用 100% 聚乙烯填充，PVC 护套，用于视频信号传输	
RVVP	铜芯聚氯乙烯绝缘聚氯乙烯护套屏蔽软电缆	适用于楼宇对讲、入侵报警、视频监控、消防、自动抄表等工程	
UTP	非屏蔽双绞线	用于电话、计算机数据传输，防火、防盗安保系统和智能楼宇信息网等	
BVV	铜芯聚氯乙烯绝缘聚氯乙烯护套圆形护套线	适用于电气仪表设备及动力照明固定布线	

续表

符号	含义	使用场合	外观
ZR	表示电缆有阻燃特性	适用于对防火有特殊要求的场所	
RG-58	同轴电缆	适用于无线电通信、以太网连接等	

课外拓展

简单绘制某学校科技楼 604 实训室的智能化视频监控系统示意图。

二、技能点

（一）技能点 1：绘制基本的智能化视频监控系统原理图

智能化视频监控系统原理图用于说明信号在整个系统中的传输、系统内的处理过程，进而展示出整个系统的工作原理，如图 4-3 和图 4-4 所示。

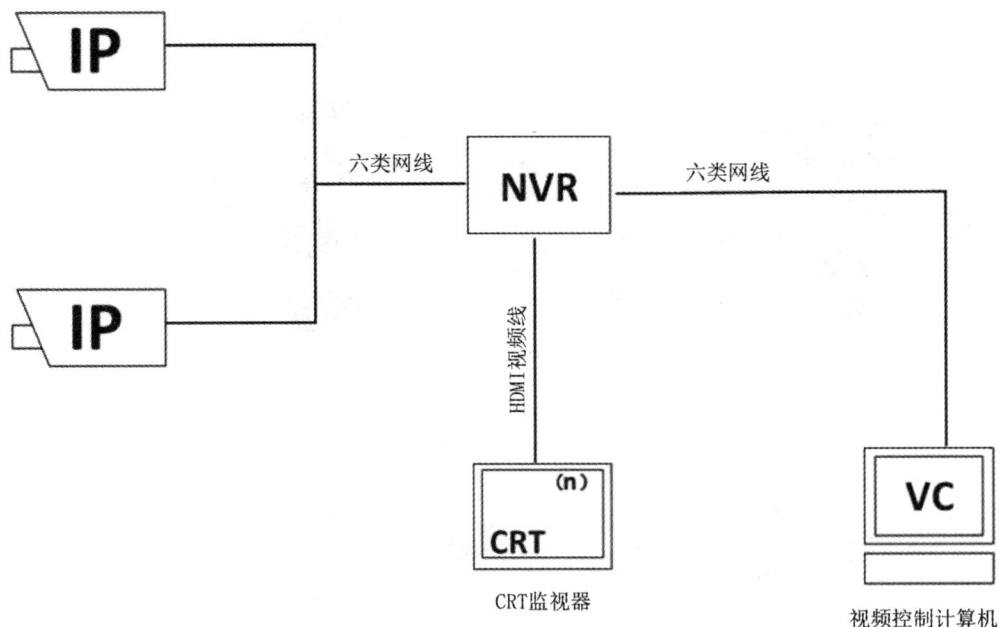

图 4-3　智能化视频监控系统原理图（1）

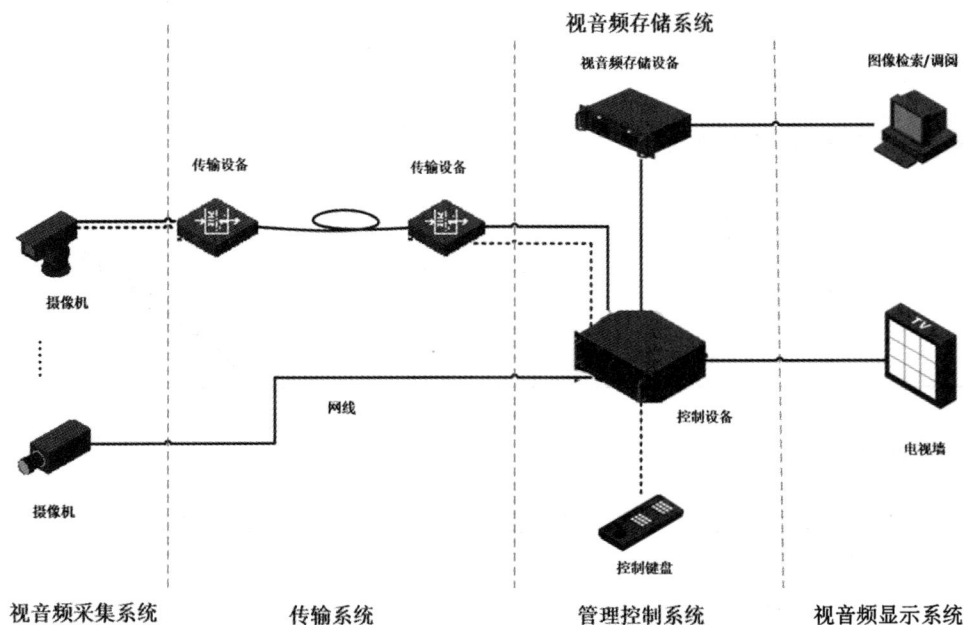

图 4-4　智能化视频监控系统原理图（2）

（二）技能点 2：绘制"明厨亮灶"智能化视频监控系统架构图

"明厨亮灶"智能化视频监控系统架构图如图 4-5 所示。

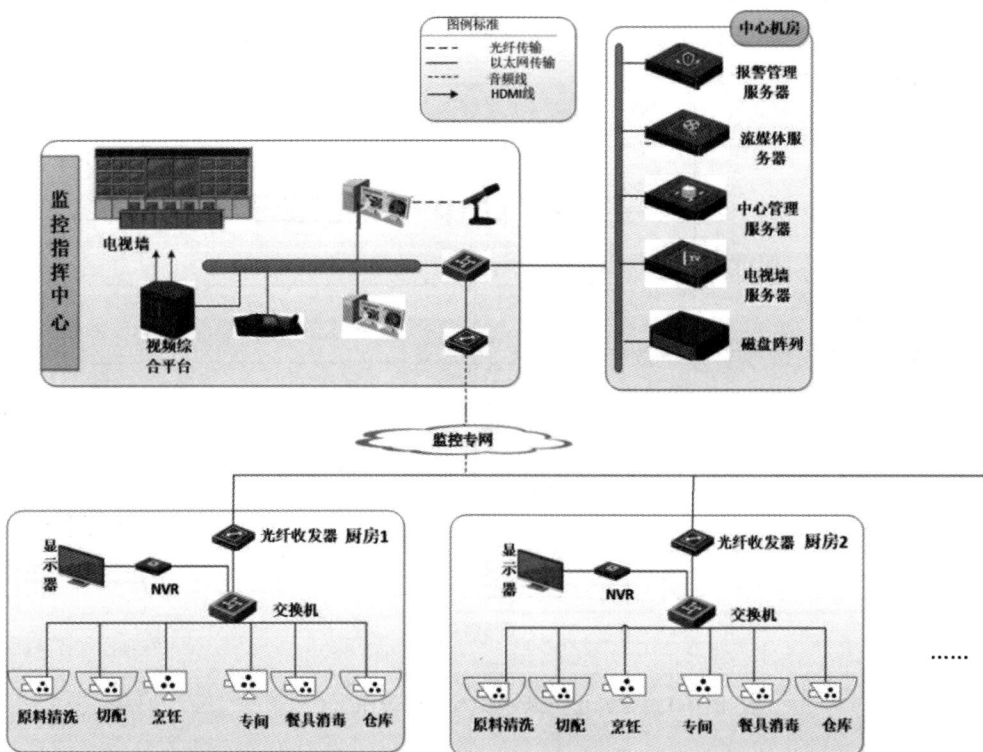

图 4-5　"明厨亮灶"智能化视频监控系统架构图

（三）技能点 3：识别智能化视频监控系统示意图

某执法中队办公楼智能化视频监控系统示意图如图 4-6 所示。

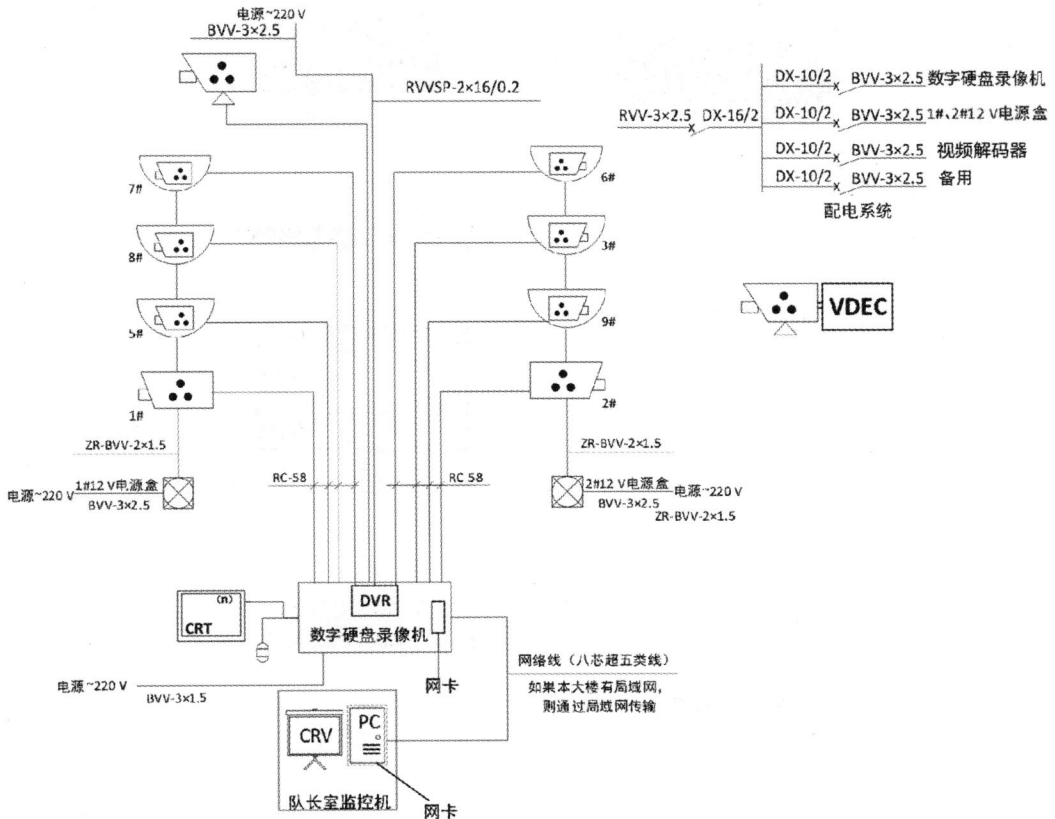

图 4-6　某执法中队办公楼智能化视频监控系统示意图

（四）技能点 4：绘制智能化视频监控系统图

某智能化视频监控系统图如图 4-7 所示。

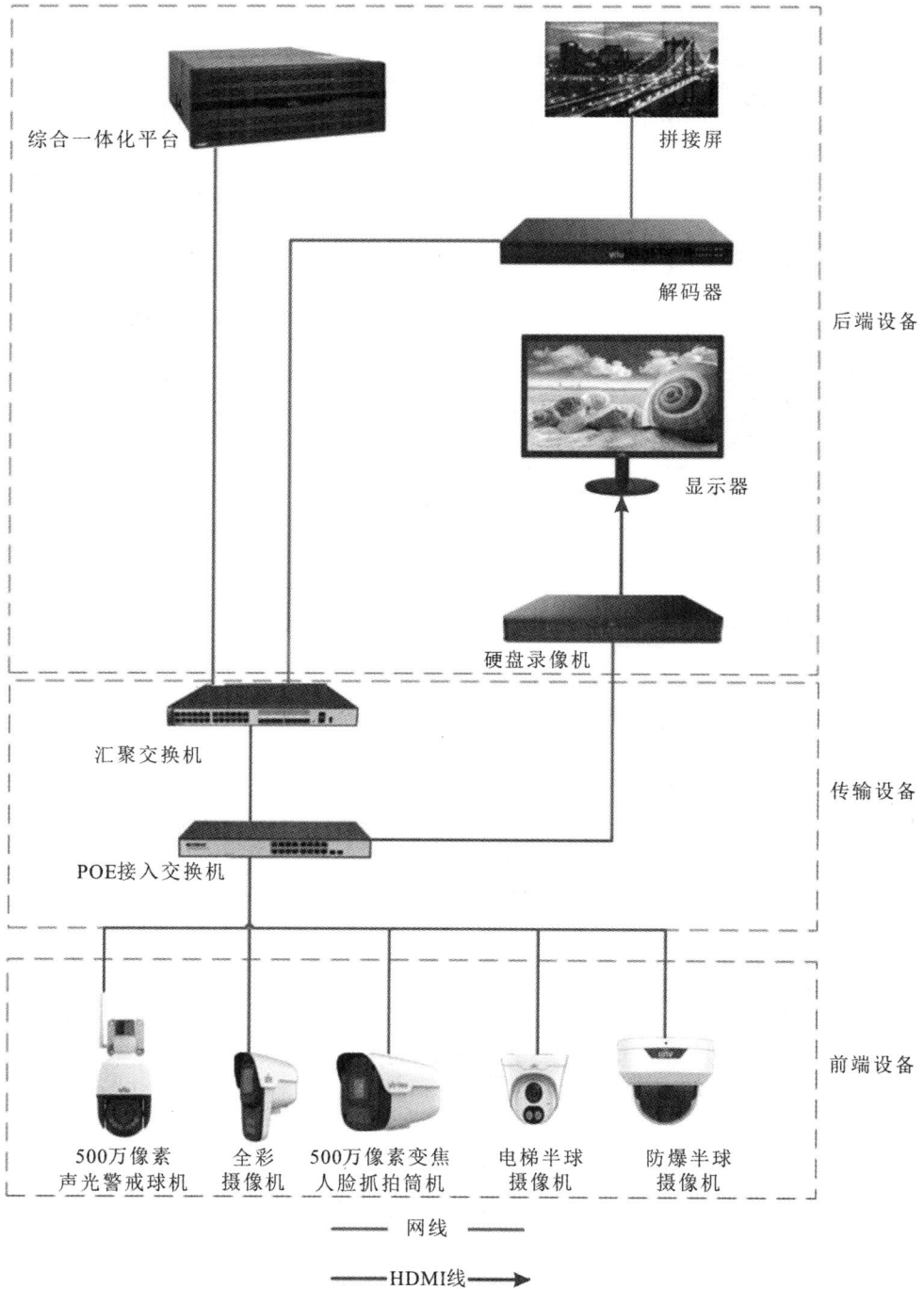

图 4-7　某智能化视频监控系统图

任务五 智能化视频监控系统工程量清单及造价

教学目标

知识目标	能力目标	素养目标
理解建筑安装工程费用项目组成； 理解《建设工程工程量清单计价规范》（GB 50500—2013）、《通用安装工程工程量计算规范》（GB 50856—2013）； 了解《湖北省通用安装工程消耗量定额及全费用基价表》（2024）	能够查找费用文件信息； 能够计算智能化视频监控系统工程招标控制价； 能够制作智能化视频监控系统工程投标报价文件	培养学生查找资料、收集信息的习惯； 培养学生科学、自主探究的学习精神

学情分析

学生基本具备了建设工程工程造价基础，掌握了安全防范技术应用知识。

本任务用到的标准规范主要有《湖北省通用安装工程消耗量定额及全费用基价表》（2024）、《建设工程工程量清单计价规范》（GB 50500—2013）、《通用安装工程工程量计算规范》（GB 50856—2013）、《通用安装工程消耗量定额》（TY02—31—2021）等。

《通用安装工程消耗量定额》第五册中关于安全防范系统工程的部分内容如下。

说　明

一、本章内容包括入侵探测、出入口控制、巡更、电视监控、安全检查、停车场管理等设备安装工程。

二、安全防范系统工程中的显示装置等项目执行本册第五章相关项目。

三、安全防范系统工程中的服务器、网络设备、工作站、软件、存储设备等项目执行本册第一章相关项目。跳线制作、安装等项目执行本册第二章相关项目。

四、有关场地电气安装工程项目执行第四册《电气设备安装工程》相应项目。

工程量计算规则

一、入侵探测设备安装、调试，以"套"为计量单位。

二、报警信号接收机安装、调试，以"系统"为计量单位。

三、出入口控制设备安装、调试，以"台"为计量单位。

四、巡更设备安装、调试，以"套"为计量单位。

五、电视监控设备安装、调试，以"台"为计量单位。

六、防护罩安装，以"套"为计量单位。

七、摄像机支架安装，以"套"为计量单位。

八、安全检查设备安装，以"台"或"套"为计量单位。

九、停车场管理设备安装，以"台（套）"为计量单位。

十、安全防范分系统调试及系统工程试运行，均以"系统"为计量单位。

四、电视监控摄像设备安装、调试

1. 监控摄像设备

工作内容：开箱检查、设备组装、检查基础、安装设备、接线、本体调试。

（计量单位：台）

编号		5-6-72	5-6-73	5-6-74	5-6-75	5-6-76
项目		彩色、黑白摄像机（含拍照功能）	半球形摄像机	球形摄像机		防爆摄像机
				室内	室外	
名称	单位	消耗量				
人工 合计工日	工日	0.750	0.840	1.050	1.400	1.500
一般技工	工日	0.750	0.840	1.050	1.400	1.500
材料 其他材料费	元	4.29	4.46	4.29	4.29	4.52
仪表 彩色监视器	台班	0.100	0.100	0.500	0.500	0.500
工业用真有效值万用表	台班	0.050	0.050	0.050	0.050	0.050

🔍 一、知识点

（一）知识点 1：工程造价的含义

工程造价是工程项目在建设期预计或实际支出的建设费用。

（二）知识点 2：工程建设各阶段的工程造价关系

工程建设各阶段的工程造价关系如图 5-1 所示。

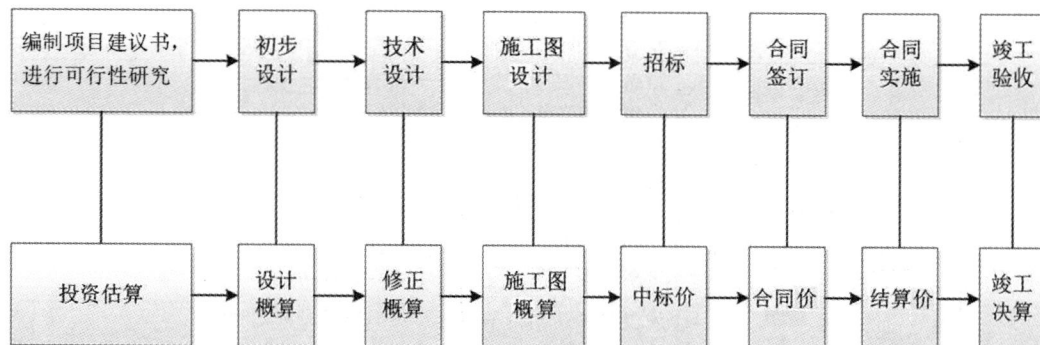

图 5-1　工程建设各阶段的工程造价关系示意图

（三）知识点 3：建设项目总投资的含义

建设项目总投资是指为完成工程项目建设并达到使用要求或生产条件，在建设期内预计或实际投入的全部费用总和。

生产性建设项目总投资包括工程造价（或固定资产投资）和流动资金（或流动资产投资）。

非生产性建设项目总投资一般仅指工程造价。

建设项目总投资构成如图 5-2 所示。

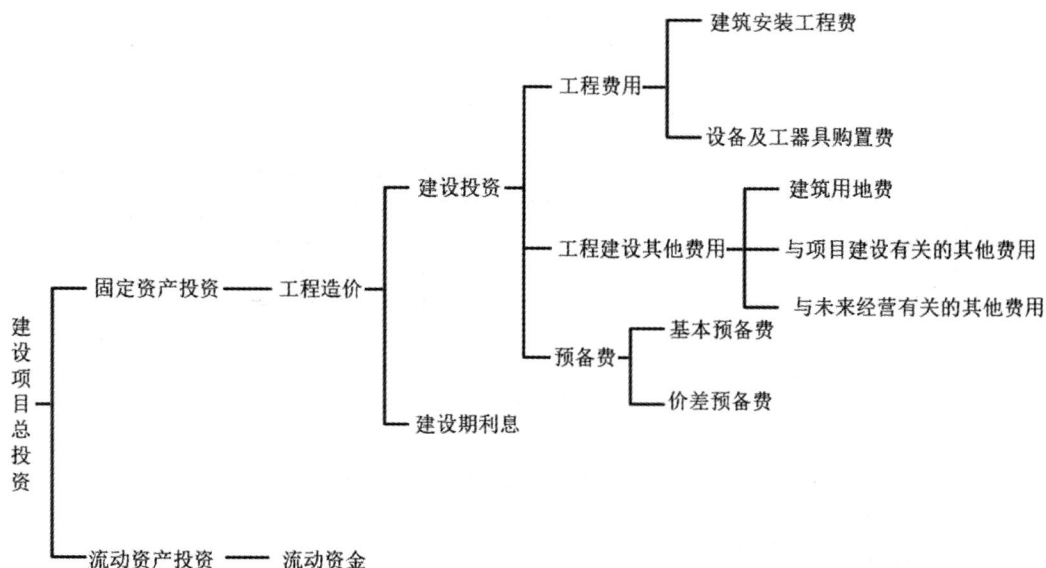

图 5-2　建设项目总投资构成

（四）知识点 4：建筑安装工程费

建筑安装工程费用项目组成如图 5-3 所示。

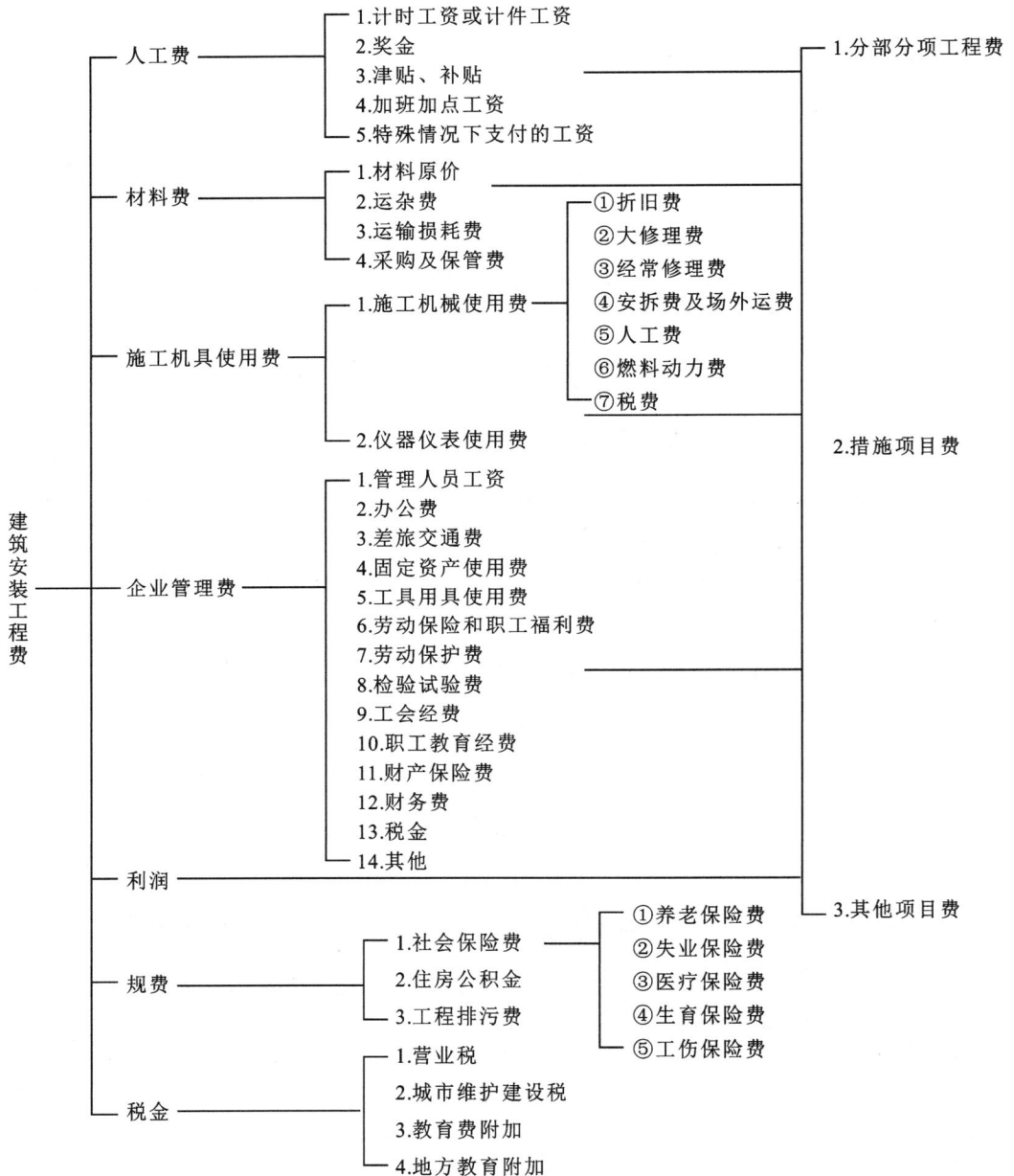

图 5-3　建筑安装工程费用项目组成

1. 分部分项工程费

分部分项工程费指各专业工程的分部分项工程应予列支的各项费用。

分部分项工程是指按现行国家计量规范对各专业工程划分的项目，是分部工程和分项工程的总称。如建筑智能化工程分为计算机及网络系统工程，综合布线系统工程，建筑设备自动化系统工程，有线电视、卫星接收系统工程，音频、视频系统工程，安全防范系统工程，智能建筑设备防雷接地，移动通信设备工程等。

1）人工费

人工费是指按工资总额构成规定，支付给从事建筑安装工程施工的生产工人和附属生产单位工人的各项费用，内容包括：

① 计时工资或计件工资；

② 奖金，是指针对超额劳动和增收节支支付给个人的劳动报酬，如节约奖、劳动竞赛奖等；

③ 津贴、补贴，是指为了补偿职工特殊或额外的劳动消耗和其他特殊原因支付给个人的津贴，以及为了保证职工工资水平不受物价影响支付给个人的物价补贴，如流动施工津贴、特殊地区施工津贴、高温（寒）作业临时津贴、高空津贴等；

④ 加班加点工资，是指按规定支付的在法定节假日工作的加班工资和在法定日工作时间外延时工作的加点工资；

⑤ 特殊情况下支付的工资，是指根据国家法律法规和政策规定，因病、工伤、产假、计划生育假、婚丧假、事假、探亲假、定期休假、停工学习、执行国家或社会义务等按计时工资标准或计时工资标准的一定比例支付的工资。

2）材料费

材料费是指施工过程中耗费的原材料、辅助材料、构配件、零件、半成品或成品、工程设备的费用，以及周转材料等的摊销、租赁费用。

材料费的基本计算公式：

$$材料费 = \sum (材料消耗量 \times 材料单价)$$

① 材料消耗量，是指在正常施工生产条件下，完成规定计量单位的建筑安装产品所消耗的各类材料的净用量和不可避免的损耗量。

② 材料单价，是指建筑材料从其来源地运到施工工地仓库直至出库形成的综合平均单价，由材料原价、运杂费、运输损耗费、采购及保管费组成。

③ 工程设备，是指构成或计划构成永久工程一部分的机电设备、金属结构设备、仪器装置及其他类似的设备和装置。

3）施工机具使用费

施工机具使用费是指施工作业所发生的施工机械、仪器仪表使用费或其租赁费。

① 施工机械使用费，以施工机械台班耗用量乘以施工机械台班单价表示，施工机械台班单价通常由折旧费、大修理费、经常修理费、安拆费及场外运费、人工费、燃料动力费和税费组成。

② 仪器仪表使用费，以施工仪器仪表耗用量乘以仪器仪表台班单价表示，施工仪器仪表台班单价由四项费用组成，包括折旧费、维护费、校验费、动力费等。

4）企业管理费

企业管理费，是指建筑安装企业组织施工生产和经营管理所需的费用，内容包括：

① 管理人员工资；

② 办公费；

③ 差旅交通费；

④ 固定资产使用费；

⑤ 工具用具使用费；

⑥ 劳动保险和职工福利费；

⑦ 劳动保护费；

⑧ 检验试验费；

⑨ 工会经费；

⑩ 职工教育经费；

⑪ 财产保险费；

⑫ 财务费；

⑬ 税金；

⑭ 其他。

5）利润

利润是指施工企业完成所承包工程获得的盈利。

2. 措施项目费

措施项目费是指为完成建设工程施工，发生于该工程施工前和施工过程中的技术、生活、安全、环境保护等方面的费用，包括：

① 安全文明施工费，指按照国家现行的施工安全、施工现场环境与卫生标准和有关规定，购置、更新和安装施工安全防护用具及设施，改善安全生产条件和作业环境，以及施工企业为进行工程施工所必须搭设的生活和生产用的临时建筑物、构筑物和其他临时设施的搭设、维修、拆除、清理费或摊销的费用等，包括环境保护费、文明施工费、安全施工费、临时设施费；

② 夜间施工增加费；

③ 二次搬运费；

④ 冬雨季施工增加费；

⑤ 已完工程及设备保护费；

⑥ 工程定位复测费；

⑦ 特殊地区施工增加费；

⑧ 大型机械设备进出场及安拆费；

⑨ 脚手架工程费。

（记忆口诀：二冬夜，特大脚，工已安。）

3. 其他项目费

其他项目费包括暂列金额、暂估价、计日工、总承包服务费等。

① 暂列金额，是指建设单位在工程量清单中暂定并包括在工程合同价款中的一笔

款项，用于施工合同签订时尚未确定或者不可预见的所需材料、工程设备、服务的采购，施工中可能发生的工程变更、合同约定调整因素出现时的工程价款调整以及发生的索赔、现场签证确认等的费用。

② 暂估价，指招标人在工程量清单中提供的用于支付必然发生但暂时不能确定价格的材料的单价以及专业工程的金额。暂估价分为材料暂估单价、工程设备暂估单价、专业工程暂估金额。

③ 计日工，指在施工过程中，施工企业完成建设单位提出的施工图纸以外的零星项目或工作所需的费用。

④ 总承包服务费，是指总承包人为配合、协调建设单位进行的专业工程发包，对建设单位自行采购的材料、工程设备等进行保管以及施工现场管理、竣工资料汇总整理等服务所需的费用。

4. 规费

规费是指按国家法律法规规定，由省级政府和省级有关权力部门规定必须缴纳或计取的费用，包括：

① 社会保险费，由养老保险费、失业保险费、医疗保险费、生育保险费、工伤保险费组成；

② 住房公积金；

③ 工程排污费。

5. 税金

税金，是指国家税法规定的应计入建筑安装工程造价内的营业税、城市维护建设税、教育费附加以及地方教育附加。

（五）知识点 5：全费用基价表清单计价

全费用综合单价，即单价中综合了人工费、材料费、施工机具使用费、企业管理费、利润、规费，以及有关文件规定的调价、税金、一定范围内的风险费用等全部费用。

$$全费用综合单价 = \sum（人工费 + 材料费 + 施工机具使用费 + 企业管理费 + 利润 + 规费 + 税金）$$

1. 分部分项工程和单价措施项目综合单价计算

分部分项工程和单价措施项目综合单价计算方法如表 5-1 所示。

表 5-1　分部分项工程和单价措施项目综合单价计算方法

序号	费用名称	计算方法
1	人工费	$\sum$（人工费）

续表

序号	费用名称	计算方法
2	材料费	$\sum$（材料费）
3	施工机具使用费	$\sum$（施工机具使用费）
4	费用	$\sum$（费用）
5	税金	$\sum$（税金）
6	综合单价	1＋2＋3＋4＋5

注：表中第4项的费用是指企业管理费、利润、规费。

2. 其他项目费计算

其他项目费计算方法如表 5-2 所示。

表 5-2 其他项目费计算方法

序号	费用名称		计算方法
1	暂列金额		按招标文件
2	暂估价		按招标文件
3	计日工		3.1＋3.2＋3.3＋3.4
3.1	其中	人工费	$\sum$（人工单价×数量）
3.2		材料费	$\sum$（材料单价×数量）
3.3		施工机具使用费	$\sum$（机械台班单价×数量）
3.4		费用（企业管理费、利润、规费）	企业管理费＋利润＋规费
4	总承包服务费		依据已标价工程量清单金额计算；发生调整的，以发承包双方确认的金额计算
5	其他项目费		1＋2＋3＋4

3. 单位工程造价计算

单位工程造价计算方法如表 5-3 所示。

表 5-3 单位工程造价计算方法

序号	费用名称	计算方法
1	分部分项工程和单价措施项目费	$\sum$（全费用综合单价×工程量）
2	其他项目费	$\sum$（其他项目费）
3	单位工程造价	$1+2$

《通用安装工程工程量计算规范》部分内容

练习题

问答题

1. 什么是全费用综合单价？

2. 措施项目费有哪些？

答案： 1. 全费用综合单价，即单价中综合了人工费、材料费、施工机具使用费、企业管理费、利润、规费，以及有关文件规定的调价、税金、一定范围内的风险费用等全部费用。

2. 安全文明施工费、夜间施工增加费、二次搬运费、冬雨季施工增加费、已完工程及设备保护费、工程定位复测费、特殊地区施工增加费、大型机械设备进出场及安拆费、脚手架工程费。

🔍 二、技能点

（一）技能点 1：认识全费用基价表

《湖北省通用安装工程消耗量定额及全费用基价表》（2024）文件可扫描二维码查看。

《湖北省通用安装工程消耗量定额及全费用基价表》（2024）

（二）技能点 2：计算智能化视频监控系统工程招标控制价

主材价格可查询百度爱采购平台，界面如图 5-4 所示。

图 5-4　百度爱采购平台

智能化视频监控系统工程招标控制价示例如表 5-4 所示。

表 5-4　智能化视频监控系统工程招标控制价

项目	项目特征	单位	定额表中全费用/元	主材价格（含风险费）/元	工程量	合计/元
半球摄像机		台	160.07	935	2	2190.14
高速智能球形摄像机		台	366.81	3456	2	7645.62
微光摄像机		台	329.89	1299	15	24433.35
摄像机防护罩	防爆	套	113.40	988	2	2202.80
摄像机支架	悬挂式	套	116.02	65	17	3077.34
数字硬盘录像机	>16	台	984.18	4750	1	5734.18
安装双绞线跳线		条	9.32		21	195.72
双绞线跳线		米		2	800	1600
显示器	壁挂或悬挂，>50 英寸	台	813.05	7500	1	8313.05
交换机	插槽式，≤4 槽	台	1099.59	2631	1	3730.59

续表

项目	项目特征	单位	定额表中全费用/元	主材价格（含风险费）/元	工程量	合计/元
电视插座	明装	个	14.51	55	4	278.04
总计						59400.83

注：1 英寸＝2.54 厘米。

（三）技能点 3：计算智能化视频监控系统工程投标报价

智能化视频监控系统工程投标报价示例如表 5-5 所示。

表 5-5 智能化视频监控系统工程投标报价

监控设备清单

一、高清监控系统

A. 监控系统摄像机设备部分

序号	名称	图片	参数	数量	单位	单价/元	金额/元	备注
1	高清摄像球机		400 万像素，H.265 存储减半，4 mm 镜头焦距，音频监听	2	台	2000.00	4000.00	
2	高清摄像半球机		200 万像素，日夜型半球网络摄像机	2	台	800.00	1600.00	
3	高清摄像筒机		400 万像素，H.265 存储减半，4 mm 镜头焦距，音频监听，温度显示	15	台	800.00	12000.00	
4	枪机支架		悬臂装	17	个	25.00	425.00	

续表

序号	名称	图片	参数	数量	单位	单价/元	金额/元	备注
5	防护罩			2	个	500.00	1000.00	
		小计					19025.00	

B. 视频监控中心

序号	名称	参数	数量	单位	单价/元	金额/元	备注
1	24路监控硬盘录像机	16盘位	1	台	5000.00	5000.00	
2	3 TB监控专用硬盘	1块盘	10	台	300.00	3000.00	
3	24口国标POE交换机	全千兆	1	台	2000.00	2000.00	
4	显示器	55英寸	4	台	6000.00	24000.00	
	小计					34000.00	

C. 监控系统布线

序号	名称	参数	数量	单位	单价/元	金额/元	备注
1	网线（含水晶头）	六类无氧铜	3	箱	650.00	1950.00	
2	PVC波纹管	外径80 mm	100	条	4.50	450.00	
3	插座		4	个	55.00	220.00	
	小计					2620.00	
二、以上全部设备合计						55645.00	
三、人工安装调试费＝全部设备合计×20%						11129.00	
四、税金＝（全部设备合计＋人工安装调试费）×3%（此例为简易计税，增值税收取9个点）						2003.22	
五、系统工程总价＝全部设备合计＋人工安装调试费＋税金						68777.22	

——任务六　智能化视频监控系统投标文件制作

教学目标

知识目标	能力目标	素养目标
识记招标投标的相关法律法规	阅读分析招标文件； 制作投标文件； 编排投标文件； 投标文件交叉检查； 投标文件打印和装订； 投标文件签字和盖章； 投标文件最后审查； 投标文件密封	培养学生查找资料、收集信息的习惯； 培养学生科学、自主探究的学习精神

🔍 技能点

（一）技能点 1：阅读分析招标文件

拿到招标文件后，应认真阅读招标文件 2～3 遍，从招标文件中获取到整个项目的内容，招标文件是招标工程建设的大纲，是建设单位实施工程建设的工作依据，是向投标单位提供参加投标所需要的一切情况的说明。简而言之，招标文件是问卷，投标文件是答卷。

对招标文件个别条款不明确的，应及时与招标机构沟通；标示出重点部分及必须提供的材料，建立备忘录（有些材料必须得提供，否则会导致废标）。

思考以下问题：

1. 哪些是控标点？
2. 报价有哪些要求？
3. 哪些材料需要及时处理？
4. 是否需要监控设备厂家授权？
5. 装订密封、份数要求是什么？

（二）技能点 2：制作投标文件

投标文件的结构一般分为商务部分、技术部分、报价部分。

1. 商务部分

投标文件的商务部分内容一般包括投标人说明、厂家介绍、业绩介绍、合同、产品授权书、法人授权书、"三证"（通常指营业执照、税务登记证、组织机构代码证）、资格证书、交货期说明、付款方式说明、售后服务说明、承诺书、商务偏离表、商务应答、备品备件专用工具清单等，要严格按照招标文件的内容要求及顺序要求编写。

注意事项如下：

① 要将主要业绩（案例及图片）放在突出位置，文字可采用黑体；

② 检查资质文件的有效性，避免放错文件或者放入过期文件；

③ 先扫描授权书原件后再寄送招标单位，注意快递时间；

④ 注意合同上合同金额、时间是否要体现，原则上体现高价。

2. 技术部分

投标文件的技术部分内容一般包括投标设备技术说明、图纸设计、技术参数、产品配置、技术规格偏离表、技术力量简介、安装施工方案、产品简介等，要严格按照招标文件的内容要求及顺序要求编写。

① 抓重点，不必太详细，要有针对性介绍，根据招标要求确定是否提供产品彩页、产品截图界面等。

② 对我方的优势一定要表述清楚并放到突出位置，一般情况下，放在技术部分的靠前位置，以提升产品形象。

③ 审核产品技术参数、技术性能的表述是否满足招标方的技术要求。

④ 审核技术规格偏离表的编排内容是否合理准确，有无遗漏或者多余的。

⑤ 审核技术部分编排顺序是否符合招标方的要求以及是否合理。

⑥ 审核有无多余或者缺少的文件需要剔除或补充。

关于技术规格偏离表的注意事项如下：

① 偏离说明：正偏离、负偏离、无偏离（如投标产品的技术指标优于招标要求即为正偏离，反之为负偏离，符合招标要求即为无偏离）；

② 要完全响应或者高于招标要求，绝对不能填写满足不了的参数，一定要让参数相对应，不可串行；

③ 多写正偏离的技术，写明投标产品的技术参数特点、产品优势；

④ 正偏离描述要加粗显示或用醒目符号，如"★""▲"。

3. 报价部分

① 报价部分一定要有报价一览表（总价）、分项报价表；

② 审核报价表中设备名称、品牌、型号、数量、参数等填写是否正确并符合招标要求；

③ 审核大小写是否正确，同时审核产品数目是否相符；

④ 注意报价表中货币单位要前后一致，审核是否符合招标要求；

⑤ 注意格式一定要和招标方要求的格式一样。

（三）技能点3：编排投标文件

初步编排：根据招标文件的要求，初步编写投标文件目录；对评分点、控标点、优势应在初步目录中标注，其目的是让投标文件制作者重视该部分文档。

后期编排：按事先拟定好的投标文件目录，对正文中的标题进行设置，然后自动生成投标文件的目录，对目录设置字体格式、行间距等。

目录尽量做到详细明了，便于评标者迅速查找关键点，若要提交电子版的投标文件，需设置好目录索引。

编排投标文件注意事项如下：

① 日期的填写范围一般是购买标书日至投标当日；

② 需要投标代表签字和法定代表人签字的，不能用印刷体；

③ 对于扫描文件，需插入"与原件一致"字样；

④ 在有手写处、投标单位名称处、"与原件一致"字样处需盖公章；

⑤ 在制作投标文件过程中要时刻保存，文件命名清楚明了。

（四）技能点4：投标文件交叉检查

① 在投标文件电子版制作完成后，参与人员进行交叉检查，对错误的地方进行指正修改，并通报各个参与人员以防重复出现错误；

② 正副本内容一致，正本是整个招标的依据，所以要慎重对待；

③ 注意检查字体、格式是否统一；

④ 审查报价产品明细是否符合招标产品需求明细（包括产品型号和数量），分项（分包）报价是否符合招标要求，一定要仔细查对；

⑤ 审查报价表中的分项报价和总报价的计算、大小写是否正确，报价表、投标一览表、投标函中的报价大小写是否一致，进行仔细核对；

⑥ 审查投标文件书写格式是否与招标方的要求一致；

⑦ 互审过的文档要重命名，例如"××11""××22""××最终"；

⑧ 各个文档要详细命名，并存放清楚。

（五）技能点5：投标文件打印和装订

① 打印投标文件，按招标文件要求打印投标文件的正副本、封面、封条等；

② 需检查排版是否有错乱，确认无误后打印；

③ 错误的纸质文档应带回公司作废处理；

④ 图片一般选择彩色打印，其他文本黑白打印即可；

⑤ 认真核对有无缺页、页面顺序颠倒、页面倒转等现象；

⑥ 打印后需及时彻底删除文档；

⑦ 按照招标文件要求和实际情况，进行打孔装订或胶装。

（六）技能点 6：投标文件签字和盖章

① 需签字处：授权书法人代表签字处、投标代表签字处。

② 需盖章处：盖骑缝章处、封面、封条、报价表、投标单位名称处、"与原件一致"字样处、签字处等。

盖章注意事项如下：

① 根据招标文件要求盖章；

② 确保公章清晰可见，若一个不明显，需重新再盖一个，且两个不能重叠；

③ 在密封条上盖章尽量一半在密封条上一半在密封袋上。

（七）技能点 7：投标文件最后审查

① 审查是否有漏签字、漏盖章处；

② 审查招标文件要求的文档资料是否齐全；

③ 确定是否需要将原件、彩页放入投标文件中；

④ 审查投标文件中是否有其他未发现的错误。

（八）技能点 8：投标文件密封

① 按招标文件要求将投标文件正副本、报价文件进行封装，在文件袋封面和"于×时之前不得启封"处等加盖公章；

② 若需要提交电子文档，和正本一起封装；

③ 在未得到项目负责人或投标代表同意的前提下，投标文件封口不得密封，应贴好双面胶及盖好骑缝章后预留封口，由投标代表整理后自行密封。

知识拓展

智慧交通发展重要基石：智能监控系统

关于智慧交通的意义，有个形象的比喻：如果自动驾驶的价值是让车辆变成一个二十年驾龄的老司机，那么智慧交通则为每一辆车又配备了一个开了"天眼"的交警，从分配道路资源、优化导航方案，保障道路安全方面提供支持。

1. 什么是智慧交通

智慧交通是在智能交通的基础上，在交通领域中充分运用物联网、云计算、互联网、人工智能等技术，汇集交通信息，对交通管理、交通运输、公众出行等交通领域全方面以及交通建设管理全过程进行管控支撑，使交通系统在城市甚至更大的时空范围内具备感知、互联、分析、预测、控制等能力，以充分保障交通安全、发挥交通基础设施效能、提升交通系统运行效率和管理水平，为通畅的公众出行和可持续的经济发展服务。

2. 智能监控系统

智能监控系统以信息的收集、处理、发布、交换、分析、利用为主线，为交通参与者提供多样化服务。借助该系统，车辆在道路上智能行驶，公路依靠智能监控系统将交通流量调整至最优状态，管理人员对道路、车辆情况尽在掌握。

3. 智能监控系统在智慧交通中有什么作用？

智能监控系统通过高清视频对道路系统中的交通状况、气象状况和交通环境进行实时监控，依靠先进的车辆检测技术和计算机信息处理技术，获得有关交通状况的信息，并根据收集到的信息对交通进行控制，协助交管人员进行交通指挥调度、维护交通秩序，同时还可协助公安人员进行治安防控等。

4. 为何要大规模应用智能监控系统？

随着车辆的增多以及城市道路建设发展，目前智能交通系统不再单单是车辆处理系统，而是包含道路监控、违章处理、公路管理、车辆记录、智能停车管理等多方面的综合系统。

随着交通事业的不断发展，智能监控系统在公共交通领域发挥了不可替代的作用。智能监控系统可对道路中车辆行驶情况进行及时记录与监管，并就已发现的交通管理问题制定出相关解决方案，从而可以更好地降低交通事故发生率，维护道路通行秩序，受到以北上广深等为代表的各大城市的青睐。

5. 智能监控系统已在全国范围内普及

随着机动车保有量的急剧膨胀，在拉动国民经济的同时，也给交通带来困扰，机动车违法、违章行为是造成交通事故和影响正常交通秩序的主要原因之一。为缓解这一矛盾，全国各地主要路口开始安装"电子眼"抓拍交通违章。

一线城市基本实现电警设备在重点路口、路段的全覆盖，建设规模均有上千台智能监控设备，很多非一线城市乃至县城也都赶上了普及智能监控系统的潮流。

6. 智慧交通领域智能监控系统市场广阔

近几年，有关加快推进数字化、信息化建设的政策文件密集出台，中共中央、国务院印发的《交通强国建设纲要》《国家综合立体交通网规划纲要》以及交通运输部印发的《数字交通"十四五"发展规划》《公路"十四五"发展规划》等，都把数字化、信息化和智慧交通作为重要的发展方向。全国二十多个省市开展了智慧公路的建设，部分省份编制了智慧公路建设指南。

随着国家高速公路智能化政策的逐渐落地，以及我国高速公路里程数的不断增加，高速公路智能化热潮将愈演愈烈，中国新建高速公路智能化系统市场规模也将大幅增长。

　　智能监控系统作为维护交通秩序的一种工具，对降低交通事故发生率、维持交通秩序起到了不可代替的作用。而随着智能技术的发展，基于大数据和云计算等技术，智能监控系统的前端已实现与城市安防监控联动，与大数据互动，与城市治安卡口互动，与交警执勤互联。在5G商用开启的大背景下，可以把实时数据用微信等软件推送至每个驾驶员的手机中。可以预见的是，在不久的将来随着智慧交通的建设进程的不断加快，我们的出行会更加方便、安全、舒心。

智能化入侵报警系统设计

任务七　智能化入侵报警系统项目导入

教学目标

知识目标	能力目标	素养目标
识读智能化入侵报警系统的案例； 理解智能化入侵报警系统设计要求、应用设计原则和系统应用分级； 识记智能化入侵报警系统应用分级响应时间	能够进行智能化入侵报警系统的设计	培养学生良好的沟通能力，能有效地获得客户的真实需求； 培养学生具有严守法律法规、规范操作的意识

标准规范

本任务需要掌握的标准规范有《入侵报警系统应用基本技术要求》（DB31/T 1086—2018）、《安全防范工程程序与要求》（GA/T 75—94）、《入侵报警系统工程设计规范》（GB 50394—2007）。

案例导入

某城遗址博物馆是在遗址公园内建立起来的大型文化服务设施，总建筑面积约 1.63 万平方米，包括 4300 平方米的文物陈列区、2000 平方米的遗址展示区及其他配套设施。遗址内出土的青铜器、玉器等文物将在该博物馆内陈列展出。该馆文物已建立安防系统，包括安防报警系统、数字视频系统，但当前的安防系统无法保障博物馆文物安全，安防硬件设施投入不足，安防设施普遍需要提升。因此，需要组建全方位、全天候，集防盗、防抢、监控于一体的立体安全防范系统，包括电子巡查系统、文物通道部分安防设计、周界智能化入侵报警系统、实体防护设计、防爆安检子系统、客流统计系统等。同时，鉴于该博物馆监控网络的重要性及较大的网络设备规模，设计核心接入两层网络架构，便于监控中心的管理。

请根据该遗址博物馆的用户需求进行智能化入侵报警系统的设计。

一、知识点

（一）知识点 1：智能化入侵报警系统设计要求

智能化入侵报警系统应能根据防护对象的使用功能及安全防范管理的要求，对设防区域的非法入侵、盗窃、破坏和抢劫等，进行实时有效的探测与报警。高风险防护对象的智能化入侵报警系统应有报警复核（声音）功能。系统不得有漏报警，误报警率应符合工程合同书的要求。

智能化入侵报警系统的设计应基于现场勘察，根据环境条件、防范对象、投资规模、维护保养以及接处警方式等因素进行设计。系统的设计应符合有关风险等级和防护级别标准的要求，符合有关设计规范、设计任务书及建设方的管理和使用要求。

（二）知识点 2：智能化入侵报警系统应用设计原则

智能化入侵报警系统应用设计在技术上应有适度超前性和互换性，为系统的整体和/或局部升级、扩容留有余地。

智能化入侵报警系统应用设计应能准确及时地探测入侵行为、发出报警信号；对入侵报警信号、防拆报警信号、各类故障信号的来源应有清楚和明显的指示。系统误报警率应控制在可接受的限度内，不允许有漏报警。

智能化入侵报警系统应用设计应充分考虑与视频安防监控系统、智能化出入口控制系统等安防子系统的联动。当与其他安防子系统联合设计时，应进行系统集成设计，各系统之间应相互兼容又能独立工作。

本任务案例中已有其他视频监控系统、出入口门禁系统等，那么在做智能化入侵报警系统时要考虑与其他系统的联动以及兼容性。

（三）知识点 3：智能化入侵报警系统组成和分类

智能化入侵报警系统通常由前端设备（包括探测器和紧急报警装置）、传输设备、处理/控制/管理设备和显示/记录设备部分构成。

在设计智能化入侵报警系统时，应根据现场的实际场景、条件以及项目信息，选择合适的信号传输方式。根据信号传输方式的不同，智能化入侵报警系统组建模式分为以下几种。

分线制，探测器、紧急报警装置通过多芯电缆与报警控制主机之间采用一对一专线相连，如图 7-1 所示。

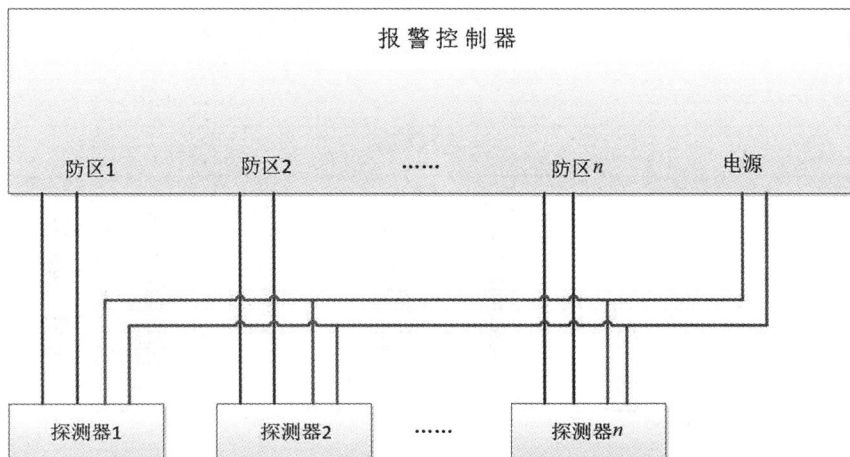

图 7-1 分线制传输

总线制，探测器、紧急报警装置通过其相应的编址模块与报警控制主机之间采用报警总线（专线）相连，如图 7-2 所示。

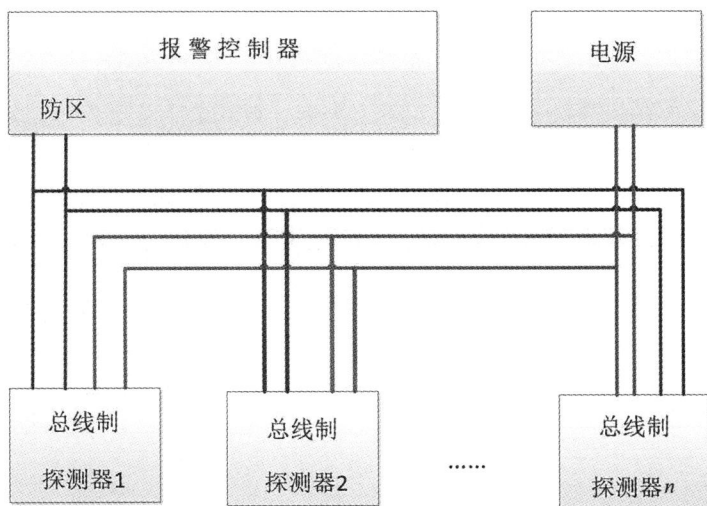

图 7-2 总线制传输

无线制，探测器、紧急报警装置通过其相应的无线设备与报警控制主机相连，其中一个防区内的紧急报警装置不得多于 4 个，如图 7-3 所示。

公共网络，探测器、紧急报警装置通过现场报警控制设备和/或网络传输接入设备与报警控制主机之间采用公共网络相连。公共网络可以是有线网络，也可以是有线—无线—有线网络。公共网络传输如图 7-4 所示。

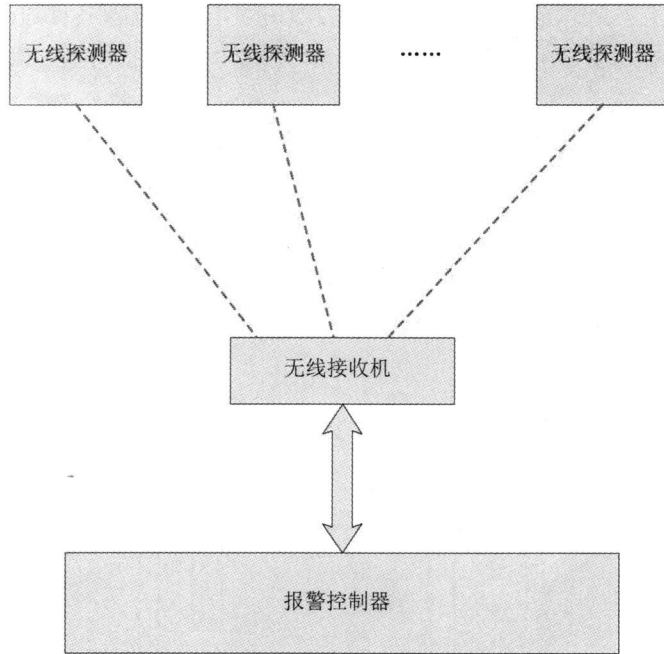

图 7-3　无线制传输

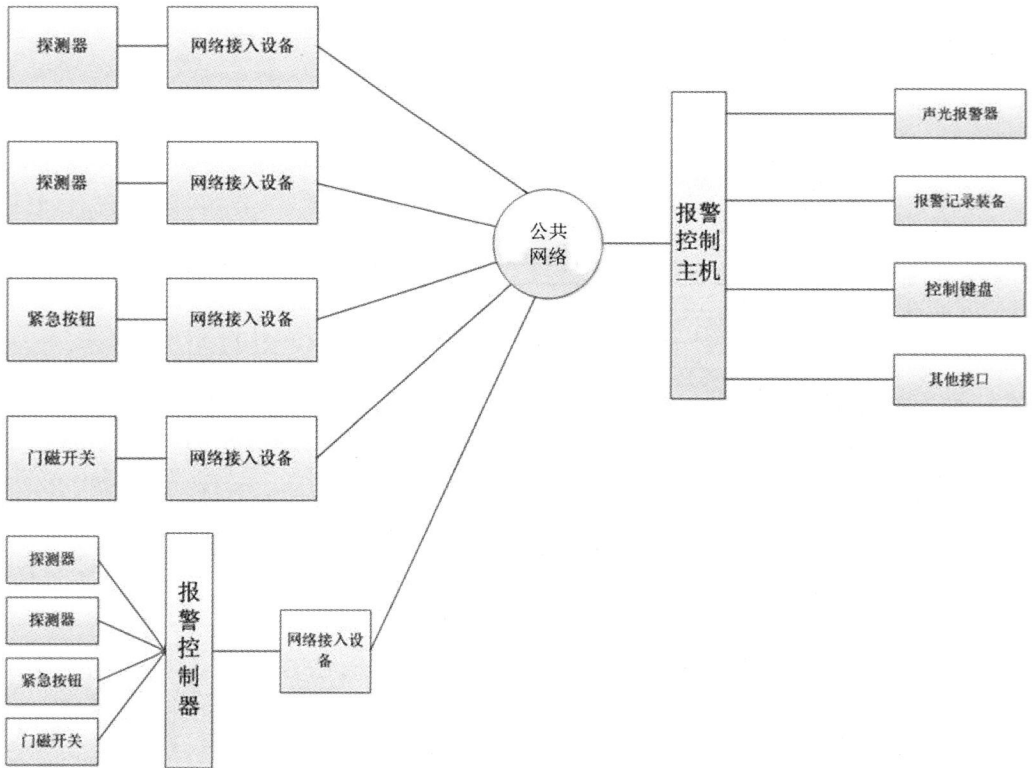

图 7-4　公共网络传输

练习题

一、选择题

1. 智能化入侵报警系统的设计应符合有关风险等级和防护级别标准的要求，符合（　　）。

A. 设计规范　　　　　　B. 设计任务书　　　　　　C. 建设方的管理

D. 使用要求　　　　　　E. 施工要求

2. 智能化入侵报警系统根据不同应用方式和报警响应时间可分为（　　）级。

A. 1　　　　　　　　　　B. 2

C. 3　　　　　　　　　　D. 4

3. 智能化入侵报警系统根据信号传输方式的不同，可以分为（　　）种。

A. 3　　　　　　　　　　B. 4

C. 5　　　　　　　　　　D. 6

答案：1. ABCD　2. C　3. B

二、判断题

系统误报警率应控制在可接受的限度内，不允许有漏报警。　　　　（　　）

答案：正确

🔍 二、技能点

智能化入侵报警系统工程设计流程如图 7-5 所示。

图 7-5　入侵报警系统工程设计流程图

智能化入侵报警系统工程设计的根本依据应该是用户的设计任务书以及国家的有关规范与标准。

第一步：设计任务书的编制。

所谓设计任务书，是指建设单位根据国家有关部门的规定和管理要求以及本身的需要，将设防目的和技术要求以文字、图表形式写出的文件。

智能化入侵报警系统工程立项前必须有设计任务书。设计任务书可作为单独文件也可作为招标文件中的技术部分，是合同中必须执行的附件。设计任务书由建设单位自行编制，也可请设计单位或咨询机构代编。设计任务书应有编制者签名，主管部门审批（签名）并加盖公章才被视为有效文件。

设计说明书应对整个系统的构成、性能、整体技术指标，采用的技术手段，实施的方案，各个分系统之间及各个分系统与整个系统之间的关系，以及其他必要的事项等做出较详细的说明和论述，以作为给设计方的基本依据。

在设计任务书里，用户根据自己的需要，将系统应具有的总体功能、技术性能、技术指标、所用入侵探测器的数量及型号、工作环境、传输距离、控制要求等以文字形式写出。

根据《安全防范工程程序与要求》（GA/T 75—94），设计任务书的主要内容应包括任务来源、政府部门的有关规定和管理要求、工程项目的内容和目的要求、建设工期、工程投资控制数额、建成后应达到的预期效果。

可行性研究报告与设计任务书的内容本质一致。因此，一级工程的可行性研究报告以设计任务书的形式代替通常被认为是允许的。

第二步：现场勘察。

在接收到设计任务书之后，就需要进行现场勘察，了解现场的建筑布局情况，从而确定现场设备的安装位置，为系统图及平面图的绘制收集第一手资料。现场勘察可以通过实地走访与分析建筑平面图相结合的方式进行。

现场勘察是进行工程设计的基础，主要勘察内容如下。

① 根据工程的主体建筑的各功能区域平面布置、用户对房屋的使用要求和防护目标的情况，确定划分一、二、三级防护区域和位置。

② 对重点安全保卫部位（监视区、防护区、禁区）的所有出入口的位置、门洞尺寸、用途、数量、重要程度等要进行勘察记录，以此作为智能化入侵报警系统的设计依据。

③ 勘察确定禁区（如金库、文物库、中心控制室）的边界时，要按照有关标准的规定或建设方提出的防护要求，勘察实体防护屏障（该实体建筑所有的门、窗户（含天窗）、排气孔防护物、各种管线的进出口防护物等）的位置、外形尺寸、制作材料、安装质量。

④ 勘察确定监视区外围警戒边界，测量周界长度，确定周界大门的位置和数量，并记录四周交通和房屋状态，根据现场环境情况提出周界警戒线的基本防护形式，以作为周界报警设计的依据。

⑤ 勘察确定防护区域的边界，防护区域的边界应与室外警戒周界保持一定的距离。所有分防护区域都应划在防护区域边界内，防护边界需要设置周界报警或周界实体屏障时，要对设置位置进行实地勘察，作为周界报警或周界屏障的设计依据。

⑥ 勘察确定防护区域的所有门窗、天窗、气窗、各种管线的进出口、通道等，并标注其外形尺寸，作为防盗窗栅的设计依据。

⑦ 勘察确定摄像机的安装位置，考察一天的光照度变化和夜间可能提供的光照度情况并记录，以符合监视范围和图像质量要求，作为选择摄像机的安装方式并进行监视电视设计的依据。

⑧ 对于防护目标，应测量其附近产生的有规律性的电磁波辐射强度，对无线电干扰强度高的区域要进行记录，以作为系统抗干扰设计的依据。

⑨ 要调查一年中室外温度、湿度、风、雨、雾、雷电变化情况和持续时间（以当地气象资料为准），以作为室外入侵探测监视系统设计的依据。

⑩ 各种探测器的安装位置要进行实地勘测，进行现场模拟试验，符合探测范围要求方可作为预定安装位置，对安装高度、出线口位置应考虑周到并做记录。

⑪ 勘察确定通风管道、暖气装置及其他热源的分布情况。

⑫ 勘察其他与安全管理有关的内容。

勘察记录作为勘察工程设计的初始的文档资料，是勘查工程设计的依据，主要包括：

① 防区的区域划分平面图（其中分为一号、二号、三号区域）；

② 出入口、窗户的位置和地下通道的走向平面图；

③ 摄像机、探测器、报警照明灯等各种器材的数量和安装位置平面图；

④ 管线走向、出线口平面图；

⑤ 中心控制室平面布置图以及控制室管线进出位置图；

⑥ 光照度变化、电磁波辐射强度数据表；

⑦ 总体平面图；

⑧ 系统方框图。

根据安全防范的风险状况以及工程实际情况，其中包括资金投入等，综合确定安防系统应达到的防护等级。国家公共安全主管部门对各类功能建筑的安全防护等级的规定及要求是在工程设计中确定防护等级的基本依据。

第三步：初步设计。

在初步设计环节需要根据任务设计书及现场勘察进行设计并形成智能化入侵报警系统的系统图与拓扑图。

第四步：方案论证。

完成了初步设计之后，就可以根据设计选择符合系统要求的智能化入侵报警系统产品，并进行施工图的文件编制，完成方案论证。

第五步：正式设计。

完成前面的步骤后，我们已经获得了设计所需要的基本资料，可以根据所获得的资料信息，正式设计及出具设计文件。

知识拓展

智慧工地

一、工程背景

智慧工地，借助于信息化手段，基于 BIM 技术对建筑工程进行精确设计和施工模拟，建立互联协同、智能生产、科学管理的施工项目信息化生态圈，并将在虚拟现实环境下的数据与采集到的工程信息进行对比分析，提供趋势预测及专家处理预案，实现工程施工可视化智能管理，以提高信息化水平，逐步实现建筑业的绿色建造和生态建造。

二、红外对射系统设计

（一）系统简介

智慧工地周界防护可利用红外对射装置（见图7-6），在临近危险区域（破损护栏附近或洞口四周）放置红外对射装置进行防护，当有人进入防区遮断对射之间的红外光束时，立即触发报警。现场驱动语音喇叭，进行安全提醒，以便使人及时远离危险区域。

图 7-6　红外对射装置防护

（二）系统结构图

红外对射系统的发射端与接收端，融合喇叭、语音模块和延时继电器模块构成防御路径，如图7-7所示。

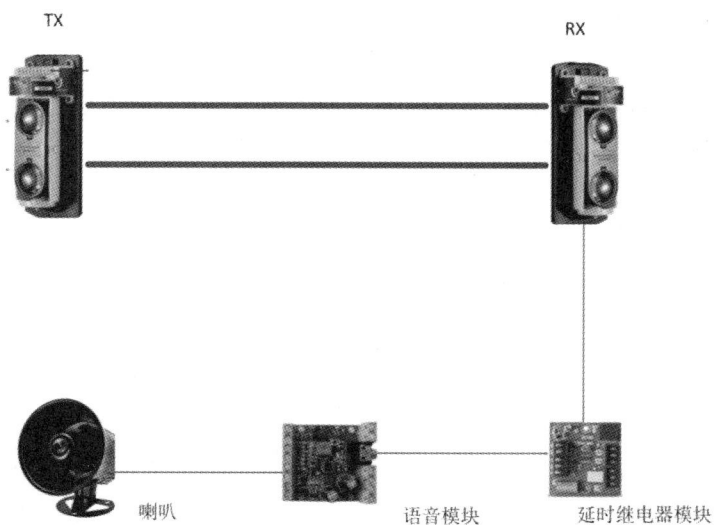

图 7-7　防御路径

（三）红外对射工作原理

红外对射探测器由发射器、接收器两部分组成。红外发射器向安装在几米甚至几百米远的接收器发射红外线，其射束有双束、三束及四束可选。当相应的红外射束被遮断时，接收器即发出报警信号，该报警信号可被报警控制器接收，并联动执行机构启动其他的报警设备或系统，如声光报警器、电视监控系统、照明系统等。（见图 7-8）

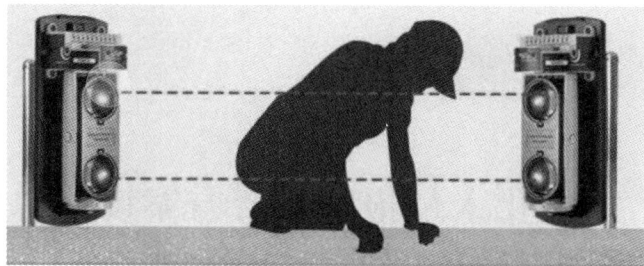

图 7-8　红外对射工作原理示意图

（四）系统功能

1. 人工智能识别

使用人工智能判断识别穿过报警区域的物体，降低误报率。

2. 设置探测灵敏度

调节红外光束最短遮断时间，可改变红外对射探测灵敏度。

3. 探测距离灵活

采用红外光束探测，探测距离调整范围在几米至几百米。

4. 报警时长可调

红外对射系统具备现场语音播报提醒功能，高分贝语音喇叭能有效提醒接近人危险信息。报警时长可调，报警音量可调。

（五）红外对射特点

① 数字变频，采用 4 段变频技术，且频率误差在 1% 以内，能够避免误报、漏报以及人为技术破解，同时可以过滤红外摄像机、其他红外设备的干扰。双数码管显示信号强度，既能把微小信号显示出来，也能有效地避免大信号过快饱和，显示精度高，可实时显示信号的微小变化，调试直观、方便。

② 红外信号二次处理，确保功率裕度达 90% 以上，无论面对恶劣天气还是极端环境，都可稳定工作。

③ 智能加热，能有效除霜除冰，适应恶劣的温度环境，从而使对射的应用变得更加广泛。

④ 智能防雾，根据雾引起的红外接收信号的变化曲线，在辅助输出口输出起雾信息，防范更精准。

⑤ 辅助光校准方法，使红外对射对光校准更高效。

⑥ 报警触发时间可调，可根据不同环境和场景的需求调整报警触发时间。

⑦ 自动温度补偿，确保对射的接收灵敏度不受温度变化的影响，工作更稳定。

⑧ 宽电压设计，能真正解决线路降压问题，工作电压 DC/AC 12 V～24 V，便于集中供电。

⑨ 支持一路继电器输出，常闭常开可选。

⑩ 支持防拆报警功能（常闭，当外壳被移去时打开）。

—任务八　智能化入侵报警系统方案设计总体要求

教学目标

知识目标	能力目标	素养目标
理解智能化入侵报警系统工程的设计原则； 识记防破坏及故障报警功能设计； 理解记录显示功能设计； 理解纵深防护体系设计； 理解系统功能设计； 识记系统报警响应时间	能够进行智能化入侵报警系统的一般设计规范分析	培养学生查找资料、收集信息的习惯； 培养学生科学、自主探究的学习精神； 培养学生严守法律法规、规范操作的意识

标准规范

《入侵报警系统工程设计规范》（GB 50394—2007）部分内容可扫描二维码查看。

《入侵报警系统工程设计规范》（GB 50394—2007）部分内容（1）

案例导入

（一）项目概况

某城遗址博物馆是在遗址公园内建立起来的大型文化服务设施，总建筑面积约 1.63 万平方米，包括 4300 平方米的文物陈列区、2000 平方米的遗址展示区及其他配套设施。遗址内出土的青铜器、玉器等文物将在该博物馆内陈列展出。

（二）用户需求

通过用户需求分析，了解项目防范功能、性能要求和指标要求等，包括防护目标和区域、报警中心（监控中心）要求、培训和维修服务等。例如，入侵报警中心不仅要有建筑要求、设施设备要求、防护要求，还应明确预定位置、操作与值班人员配置等。当围墙周界禁止人员接近时，应明确周界形状与长度、能够应对人的各种可能的接近方式和接近极限、报警要求、人防反应时间等。

通过对该博物馆现场勘察及调研用户需求，得知该馆文物已建立安防系统，包括安防报警系统、数字视频系统，但当前的安防系统无法保障博物馆文物安全，安防硬件设施投入不足，安防设施普遍需要提升。因此，需要组建全方位、全天候，集防盗、防抢、监控于一体的立体安全防范系统，包括电子巡查系统、文物通道部分安防设计、周界智能化入侵报警系统、实体防护设计、防爆安检子系统、客流统计系统等。同时，鉴于该博物馆监控网络的重要性及较大的网络设备规模，设计核心接入两层网络架构，便于监控中心的管理。

（三）现场勘察

在接收到设计任务书之后，就需要进行现场勘察，了解现场的建筑布局情况，从而确定现场设备的安装位置，为系统图及平面图的绘制收集第一手资料。现场勘察可以通过实地走访与分析建筑平面图相结合的方式进行。

经过现场勘察，可以得出以下设计要点：

① 设置周界防范系统作为第一道防线，采用振动光纤智能化入侵报警系统，当有入侵者非法进入园区时，系统就会被触发报警；

② 在办公楼的门、窗等主要出入口和易入侵部位安装红外光栅探测器、三鉴探测器、玻璃破碎探测器等，能有效探测非法入侵；

③ 在室内重点防范区域（如展馆、藏品室等）安装多鉴探测器（如三鉴探测器等），全方位监控；

④ 当遇到紧急情况时，可以触发紧急求助按钮。

🔍 一、知识点

（一）知识点 1：智能化入侵报警系统工程的设计原则

《入侵报警系统工程设计规范》（GB 50394—2007）中关于入侵报警系统的设计原则的内容如下。

3.0.4　入侵报警系统工程的设计应遵循以下原则：

1　根据防护对象的风险等级和防护级别、环境条件、功能要求、安全管理要求和建设投资等因素，确定系统的规模、系统模式及应采取的综合防护措施。

2　根据建设单位提供的设计任务书、建筑平面图和现场勘察报告，进行防区的划分，确定探测器、传输设备的设置位置和选型。

3　根据防区的数量和分布、信号传输方式、集成管理要求、系统扩充要求等，确定控制设备的配置和管理软件的功能。

4　系统应以规范化、结构化、模块化、集成化的方式实现，以保证设备的互换性。

（二）知识点 2：防破坏及故障报警功能设计

《入侵报警系统工程设计规范》（GB 50394—2007）中关于入侵报警系统防破坏及故障功能设计的内容如下。

5.2.4　防破坏及故障报警功能设计应符合下列规定：

当下列任何情况发生时，报警控制设备上应发出声、光报警信息，报警信息应能保持到手动复位，报警信号应无丢失：

1　在设防或撤防状态下，当入侵探测器机壳被打开时。

2　在设防或撤防状态下，当报警控制器机盖被打开时。

3　在有线传输系统中，当报警信号传输线被断路、短路时。

4　在有线传输系统中，当探测器电源线被切断时。

5　当报警控制器主电源/备用电源发生故障时。

6　在利用公共网络传输报警信号的系统中，当网络传输发生故障或信息连续阻塞超过 30 s 时。

（三）知识点 3：记录显示功能设计

《入侵报警系统工程设计规范》（GB 50394—2007）中关于入侵报警系统记录显示功能设计的内容如下。

5.2.5　记录显示功能设计应符合下列规定：

1　系统应具有报警、故障、被破坏、操作（包括开机、关机、设防、撤防、更改等）等信息的显示记录功能。

2　系统记录信息应包括事件发生时间、地点、性质等，记录的信息应不能更改。

5.2.6　系统应具有自检功能。

5.2.7　系统应能手动/自动设防/撤防，应能按时间在全部及部分区域任意设防和撤防；设防、撤防状态应有明显不同的显示。

（四）知识点 4：纵深防护体系设计

《入侵报警系统工程设计规范》（GB 50394—2007）中关于入侵报警系统纵深防护体系设计的内容如下。

5.1.1　入侵报警系统的设计应符合整体纵深防护和局部纵深防护的要求，纵深防护体系包括周界、监视区、防护区和禁区。

5.1.2　周界可根据整体纵深防护和局部纵深防护的要求分为外周界和内周界。周界应构成连续无间断的警戒线（面）。周界防护应采用实体防护或/和电子防护措施；采用电子防护时，需设置探测器；当周界有出入口时，应采取相应的防护措施。

5.1.3　监视区可设置警戒线（面），宜设置视频安防监控系统。

5.1.4　防护区应设置紧急报警装置、探测器，宜设置声光显示装置，利用探测器和其他防护装置实现多重防护。

5.1.5　禁区应设置不同探测原理的探测器，应设置紧急报警装置和声音复核装置，通向禁区的出入口、通道、通风口、天窗等应设置探测器和其他防护装置，实现立体交叉防护。

纵深防护体系设计如图 8-1 所示。

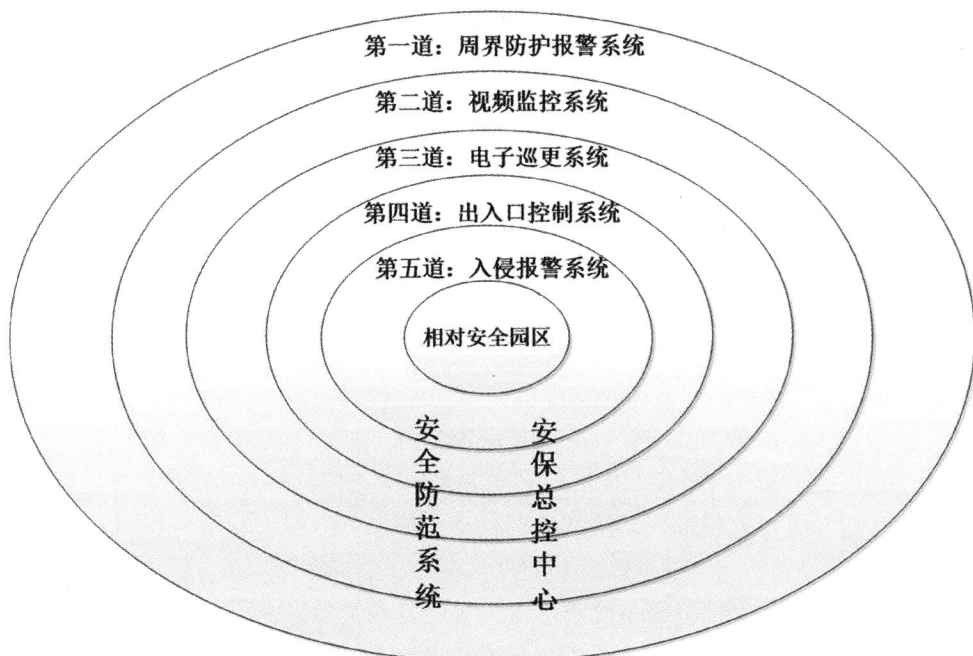

图 8-1　纵深防护体系结构图

（五）知识点 5：系统功能设计

《入侵报警系统工程设计规范》（GB 50394—2007）中关于系统功能设计的内容如下。

1 紧急报警装置应设置为不可撤防状态，应有防误触发措施，被触发后应自锁。

2 当下列任何情况发生时，报警控制设备应发出声、光报警信息，报警信息应能保持到手动复位，报警信号应无丢失：

1）在设防状态下，当探测器探测到有入侵发生或触动紧急报警装置时，报警控制设备应显示出报警发生的区域或地址；

2）在设防状态下，当多路探测器同时报警（含紧急报警装置报警）时，报警控制设备应依次显示出报警发生的区域或地址。

3 报警发生后，系统应能手动复位，不应自动复位。

4 在撤防状态下，系统不应对探测器的报警状态做出响应。

（六）知识点 6：系统报警响应时间

《入侵报警系统工程设计规范》（GB 50394—2007）中关于系统报警响应时间的内容如下。

5.2.8 系统报警响应时间应符合下列规定：

1 分线制、总线制和无线制入侵报警系统：不大于 2 s。

2 基于局域网、电力网和广电网的入侵报警系统：不大于 2 s。

3 基于市话网电话线入侵报警系统：不大于 20 s。

5.2.9 系统报警复核功能应符合下列规定：

1 当报警发生时，系统宜能对报警现场进行声音复核。

2 重要区域和重要部位应有报警声音复核。

🔍 二、技能点

智能化入侵报警系统的一般设计规范如下。

① 智能化入侵报警系统的设计必须按国家现行的有关规定执行，所选用的报警系统设备、部件均应符合国家有关技术标准，并经国家指定检测中心检测合格。

② 所有的智能化入侵报警系统都应有自动报警探测器和手动报警探测器两种触发装置。

③ 所有的智能化入侵报警系统都应有报警的复核装置，如声音或图像。

④ 智能化入侵报警系统应具备盗窃、抢劫报警功能，并具有与警方和保卫部门通信的手段。

⑤ 入侵防范区域的划分，应以能明确区分发生报警的场所作为依据，而不能以安装报警探测器的数量或类型来划分。

⑥ 防范区域的风险等级按其区域性质来决定，以入侵该区域后造成的社会和经济损害为依据，而不能按探测器的类型来区分。

⑦ 防护级别是根据防范区域的风险等级、性质而采取的防护措施的级别，防护级别应等同于或高于相对应的风险等级。

⑧ 报警系统应有声光显示并能准确指示发出报警信号的位置。

⑨ 报警系统应有防破坏功能。

⑩ 人工触发的报警装置应有防止误动作的措施。

⑪ 中心控制室应安全隐蔽，出入口应有防护装置。

⑫ 系统设计应考虑到技术升级和系统扩容的可能性。

根据不同的防护级别，应设计相应的防护系统，设计应能完全满足防护级别的要求。各个行业对各个部位的防护要求不一样，因此工程设计应按不同行业、不同级别的防护要求设置不同的报警系统，选用不同级别、不同功能的探测器、控制器和其他相应器件。

对于高风险的特殊要害部门（如文博、银行、军事部门等），要按其风险等级和防护级别及用户现场情况做特殊设计；除具备以上原则外，有些方面还要加强，例如：

防范功能。文物安全防范系统工程应具备防入侵、防盗窃、防抢劫功能，其防范能力应与设计任务书的约定相一致。

传输系统。传输系统一般宜自敷专线传输报警信息，并配以必要的有线、无线转接装置，形成以有线传输为主、无线传输为辅的报警传输系统。

冗余性。系统设计要有用户认可的冗余性，以满足系统扩展时对功能和容量的要求，区域探测技术应不少于 3 种。

盲区要求。在防范区域内，入侵探测器盲区边缘与防护目的地的距离不得小于 5 m。

灯光照度。监视区应设置周界装置，警戒线需要灯光照明时，两灯之间距地面高度 1 m 处的最低灯光照度应在 20～40 lx 范围内。

禁区设置。禁区一般设置出入口控制装置，中心控制室一般宜设在禁区内。

知识拓展

智慧营区解决方案

一、方案背景

营区作为军队日常工作、训练和生活的主要场所，是军队正规化、现代化建设和各类军事工业发展的物质基础，涉及重要的国家和军事秘密，因此营区的各类安全问题都是不容小视的。作为军队基础性的建设工作，安全营区建设是维护国家安定，确保实现全面建成小康社会与构建和谐社会的前提和基础。

安全营区借助规划手段、先进技术和管理理念，保障稳定营区秩序的控制力，控制住危害营区秩序的破坏力，最大程度地发挥营区的功能性、经济性、生态性和艺术性，确保官兵的工作、训练、生活不受威胁，实现营区稳定、安全、长效发展。对营区的安全管理和防护，是一项非常重要的工作。

二、工程概况及总体设计

工程项目名称：智慧营区脉冲电子围栏报警系统。

（一）工程概况

随着数字化营区、智能化营区的建设，军队营区管理进入信息化时代。利用高新技术预防、制止、打击犯罪（即技防），在营区安全防范三大手段（物防、技防、人防）中，技防逐渐占据重要地位。但是，目前很多单位安全防护手段还是停留在装几个摄像机的传统阶段。营区周边监控覆盖区域不全，存在部分死角。建设的各子系统之间相对独立，无法实现数据和信息的共享，降低了设备安全防护的效率和作用。营区安防解决方案是在传统的安防基础上，利用现代技防技术，建设营区脉冲电子围栏报警系统，实现全天候、全封闭警戒，降低安保工作难度。

（二）设计依据

①《脉冲电子围栏及其安装和安全运行》（GB/T 7946—2015）；

②《入侵和紧急报警系统　控制指示设备》（GB 12663—2019）；

③《外壳防护等级（IP 代码）》（GB/T 4208—2017）；

④《安全防范报警设备 安全要求和试验方法》（GB 16796—2022）；

⑤《入侵报警系统工程设计规范》（GB 50394—2007）；

⑥《入侵探测器　第 1 部分：通用要求》（GB 10408.1—2000）；

⑦《安全防范工程技术标准》（GB 50348—2018）；

⑧《安全防范工程程序与要求》（GA/T 75—94）；

⑨《安全防范系统通用图形符号》（GA/T 74—2017）；

⑩《安全防范系统验收规则》（GA 308—2001）。

（三）设计原则

本方案设计遵循技术先进、功能齐全、性能稳定、节约成本的原则，综合考虑施工、维护及操作因素，并将为今后的发展、扩建、改造等留有扩充的余地。本系统设计方案具有科学性、合理性、可操作性。

三、需求分析

利用本系统实现对整个营区外墙实时全面 24 小时不间断监控，从而防止由违法翻墙进入营区引起的盗窃失密等犯罪事件的发生。需根据现营区的外墙长度及结构形式划分防区（依据实际测量长度为准），采用脉冲电子围栏报警系统实现对整个营区外墙的无死角完全监控防范。

系统功能需满足以下几种要求。

误报率低：系统误报率要接近为零，可靠性要求高。

威慑/阻挡报警：前端围栏能够警示威慑和阻挡，高压脉冲有电击功能，同时主机具备报警功能。

周界防区划分准确：当有人入侵时，安保人员能很快察觉，并可及时赶赴现场。

主机稳定性高：能 24 小时不间断使用，维护简单。

抗干扰性强：不会被其他正常使用的通信设备干扰。

四、系统介绍

（一）系统设计说明

脉冲电子围栏的前端设备是一种有形的报警系统，实实在在地给人一种威慑感觉，增加入侵者心理压力，从而把报警目的和警戒目的有机地结合起来，达到以防为主、防报结合的效果。

本系统在国内外已被广泛使用在周界安防领域，可做到事前威慑，事发时阻挡并报警，还能延缓外界的入侵时间，具有较强的安全可靠性。

安装系统后，相当于在围墙上形成一道有形的电子屏障，增加了护栏的高度，使不法分子无法入侵，也使护栏内的人无法从周界攀越逃离。

每个脉冲峰值有 0.8 kV～5.4 kV，使入侵者难以攀越。另外本系统如遇断路、短路等，系统都会发出报警信号；还可以与其他报警系统联网使用，便于提高防范等级。

系统应用效果图如图 8-2 所示。

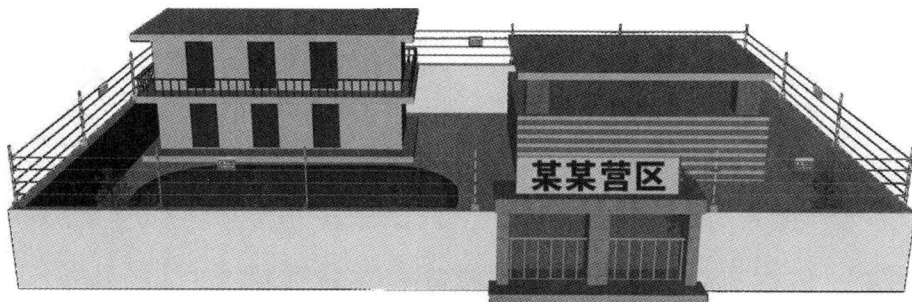

图 8-2　系统应用效果图

（二）系统配置

营区外围为实体墙体，分为×个防区，约 100 m 设一个防区，初步定为沿外围直立安装，线线距离为 15～20 cm，采用六线制安装，总高度达 125 cm；主机放置现场，外加防护箱；主机采用独立 DC12 V 适配器供电，当有人穿越（短路）或者剪断（断线）前端围栏，或者破坏主机，主机就会产生报警信号，联动现场的警号，同时脉冲主机将报警信号通过 RS485 防区扩展模块上传到监控中心的总线报警主机及报警管理软件，安保人员根据显示的防区及报警情况快速做出反应。

（三）六线制前端安装图

六线制前端安装图如图 8-3 所示。

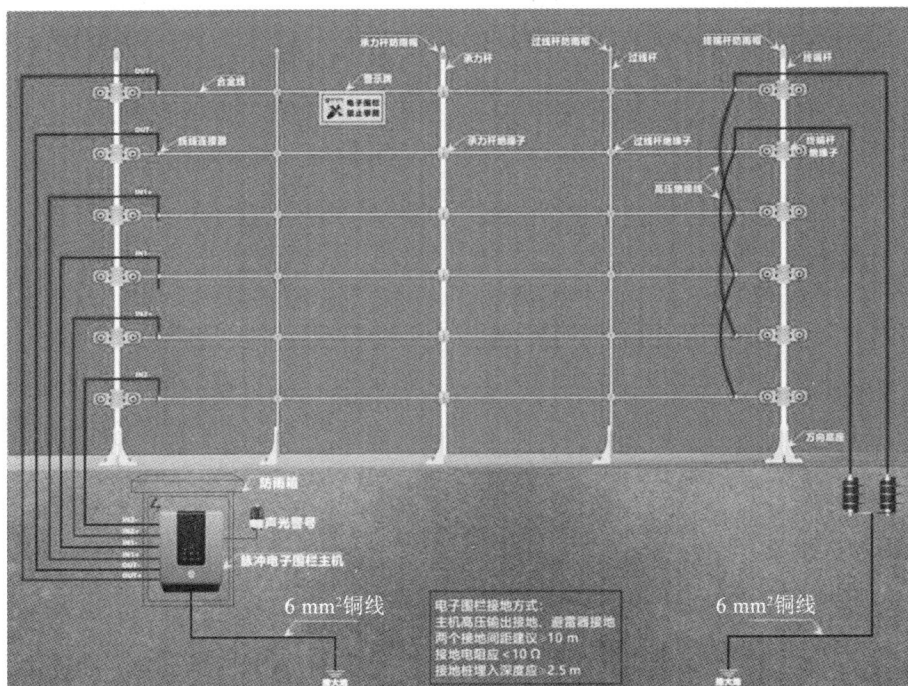

图 8-3 六线制前端安装图

（四）系统拓扑结构图

系统拓扑结构图如图 8-4 所示。

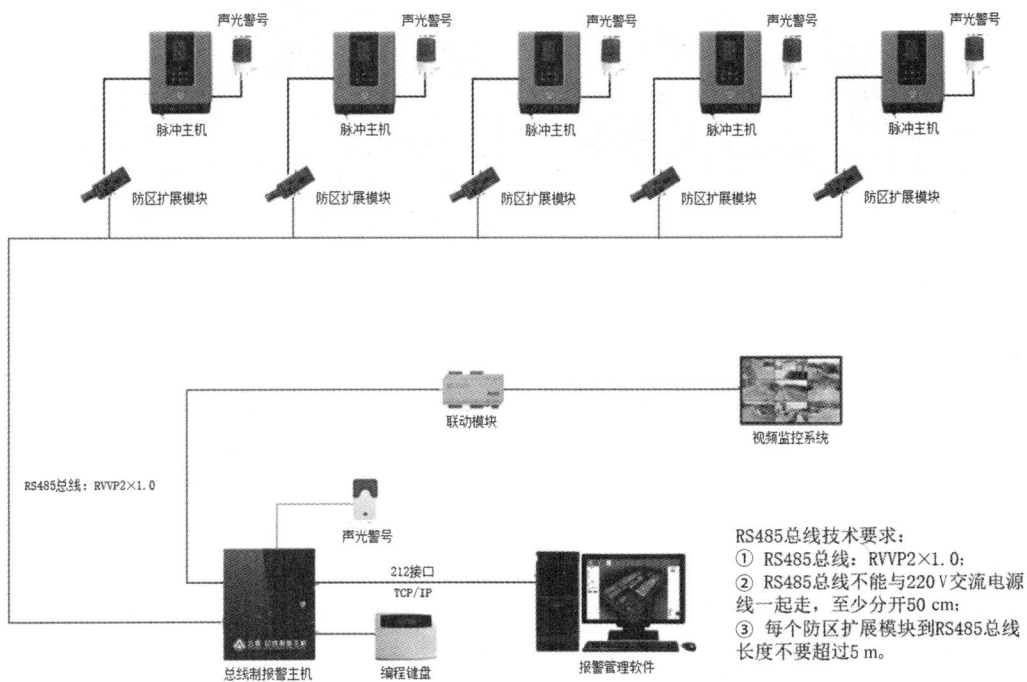

RS485总线技术要求：
① RS485总线：RVVP2×1.0；
② RS485总线不能与220 V交流电源线一起走，至少分开50 cm；
③ 每个防区扩展模块到RS485总线长度不要超过5 m。

图 8-4 系统拓扑结构图

（五）系统功能

主机系统：整个系统可灵活布撤防，在布防状态下，一旦有人企图非法翻越围墙栅栏时，系统立即报警并有效阻挡入侵者非法入侵。

摄像头联动：当现场和摄像机联动时，会立即打开录像机开始录像，同时会将报警信号发送到管理中心；一旦有非法入侵者强行翻越营区围墙，电子围栏将迅速发出警报，报警信号通过 RS485 防区模块上传至安装在室内的报警主机，由主机鸣响警笛、开启警灯，并通过联动控制器联动硬盘录像机，将报警联动摄像机传回的现场彩色视频图像信号录制在硬盘录像机内的存储介质上，同时将现场彩色图像切换至监视器主画面，使安保人员直接观看到报警现场的图像，以便及时地采取正确的处理措施。

灯光联动：一旦有非法入侵者强行翻越营区围墙，电子围栏将迅速发出报警、联动信号，报警信号通过开关量信号上传至安装在室外的联动灯，当入侵者突然被联动灯光照到后，一般会受到惊吓，终止非法入侵行为。

（六）管理软件

采取计算机管理软件控制，报警时电子地图上会自动弹出显示报警的相应防区，提示管理人员进行处理；报警防区、报警类型可存储和打印。

（七）系统特点

有形界墙——脉冲电子网栏由合金线、终端杆、过线杆、承力杆和紧线器等构成，附加在现有的围墙、围栏上或自立式安装，形成完整的有形界墙，使安防区域有明确的分界。

系统采用了先进的"阻挡为主，辅助报警"的周界安防理念，集威慑、阻挡、报警、安全于一身。

先进的差电压输出功能：每条线都有电击，相邻线之间有压差，使周界电子围栏无懈可击。

实时显示电压：脉冲主机实时显示每条线的电压。

稳定的信号采集与传输：采用先进的 RS485 通信，直接将信号通过 RS485 总线传输到监控中心，因此系统具有传输距离远，系统扩展余地大的优点。

无盲区、无死角：周界电子围栏可随地形的起伏架设，大门口、拐角均可安装。

系统绝对安全：本系统和高压电网具有本质的不同，它采用高电压及低能量（<5 J）脉冲体制，每 1.5 s 发出一个脉冲信号，因而对人不会构成生命危害，同时电子围栏的柔性玻璃纤维中间杆和专用合金线，不支持人体的重量，又能感知入侵者的入侵，并发出报警信号，确保系统的安全可靠。

高低压可转换模式：高低压手动切换、远程设备自动切换。白天或有人员在围栏附近作业时切换到低压模式，可使前端围栏的脉冲打击力度降低；在夜间或需要高警戒时，可以恢复到高压脉冲模式。

计算机远程监控：采用数字化处理技术，能以电子地图、视频联动、数据库记录等手段对警情做出迅速反应，达到万无一失的目的。系统安装简单、维护成本低、使用寿命长。

五、主要设备

（一）脉冲电子围栏（含网络）

脉冲电子围栏具有外形美观、安装维护方便、操作简单、不受地形限制、成本较低等优点，无盲区、无死角，可随地形的起伏架设，大门口、拐角均可安装，完整、明确分界的高压脉冲电子围栏，具有强大的阻挡作用和威慑作用。

（二）网络总线管理主机 AL-7480/AL-7480E

① 单防区总线扩展模块：AL-7480-1A。

单防区总线扩展模块是具有总线通信功能的防区输入设备，可与 AL-7416/AL-7480 总线报警系统配套使用，带有地址编码设置开关。

② 双防区总线扩展模块：AL-7480-2A。

双防区总线扩展模块是具有总线通信功能的防区输入设备，可与 AL-7416/AL-7480 总线报警系统配套使用，带有地址编码设置开关。

（三）16 路继电器输出模块：AL-7016

多功能联动输出模块是具有网络和总线通信功能的设备，报警主机可以按预定条件（报警触发、控制它断开或闭合某一个或多个继电器、控制它点亮或熄灭某一个或多个指示灯等）达到对灯光、警号、模拟灯光屏等各种设备的联动控制。

（四）AL-2008S 综合管理软件

AL-2008S 综合管理软件是智能网络报警系统的重要组成，整个联网系统通过它来进行各种信息处理和管理操作。综合管理软件界面简洁，可接收多台报警设备的警情信息。综合管理软件集成总线制报警系统、分线制报警系统、一键语音求助报警系统、脉冲电子围栏系统、张力围栏系统等。

（五）脉冲电子围栏前端配件

脉冲电子围栏前端部分是电子围栏系统的重要组成部分，为了保证电子围栏整个系统的正常运行和较长的使用寿命，电子围栏前端必须具有抗高压、抗污、抗氧化、耐腐蚀等基本功能，电子围栏前端由多种配件组成，每一种配件都是专为电子围栏研发、开模定制生产的。

练习题

一、选择题

1. 为保证设备的互换性，应以规范性、结构化、模块化、（　　）方式实现。

　　A. 集成化　　　　　　　　　　B. 网络化

　　C. 简约化　　　　　　　　　　D. 现代化

2. 在利用公共网络传输报警信号的系统中，当网络传输发生故障或信息连续阻塞超过（　　）时，报警控制设备上应发出声、光报警信息，报警信息应能保持到手动复位，报警信号应无丢失。

A. 20 s

B. 30 s

C. 60 s

D. 90 s

答案： 1. A　2. B

二、判断题

报警发生后，系统应能手动复位，也可以自动复位。　　　　　（　　）

答案： 错误

三、问答题

纵深防护体系包括哪些方面？

答案： 周界、监视区、防护区和禁区。

任务九　智能化入侵报警设备选型与设置

教学目标

知识目标	能力目标	素养目标
理解设备选型与设置的总体要求；识记探测器的设置；识记入侵报警控制设备；识记入侵报警无线设备	能够进行周界用入侵探测器的选型；能够进行出入口部位用入侵探测器的选型；能够进行室内用入侵探测器的选型；能够使用入侵报警管理软件	培养学生查找资料、收集信息的习惯；培养学生科学、自主探究的学习精神；培养学生严守法律法规、规范操作的意识

标准规范

《入侵报警系统工程设计规范》（GB 50394—2007）第 6.1.1、6.1.2、6.1.3、6.1.4、6.1.5、6.2.1、6.2.2、6.3.1、6.4.1 条可扫描二维码查看。

《入侵报警系统工程设计规范》（GB 50394—2007）部分内容（2）

🔍 一、知识点

（一）知识点 1：设备选型与设置的总体要求

《入侵报警系统工程设计规范》（GB 50394—2007）第 6.1.1 条内容如下。

6.1.1 探测器的选型除应符合本规范第 3.0.3 条的规定外，尚应符合下列规定：

1 根据防护要求和设防特点选择不同探测原理、不同技术性能的探测器。多技术复合探测器应视为一种技术的探测器。

2 所选用的探测器应能避免各种可能的干扰，减少误报，杜绝漏报。

3 探测器的灵敏度、作用距离、覆盖面积应能满足使用要求。

多区域覆盖的探测器如图 9-1 所示。

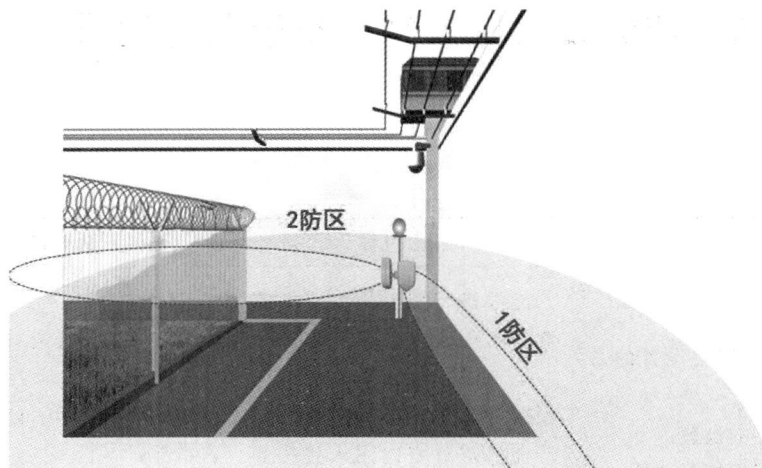

图 9-1 多区域覆盖的探测器

探测器探测范围、探测距离示意如图 9-2 所示。

（二）知识点 2：探测器的设置

《入侵报警系统工程设计规范》（GB 50394—2007）第 6.1.5 条内容如下。

6.1.5 探测器的设置应符合下列规定：

1 每个/对探测器应设为一个独立防区。

2 周界的每一个独立防区长度不宜大于 200 m。

3 需设置紧急报警装置的部位宜不少于 2 个独立防区，每一个独立防区的紧急报警装置数量不应大于 4 个，且不同单元空间不得作为一个独立防区。

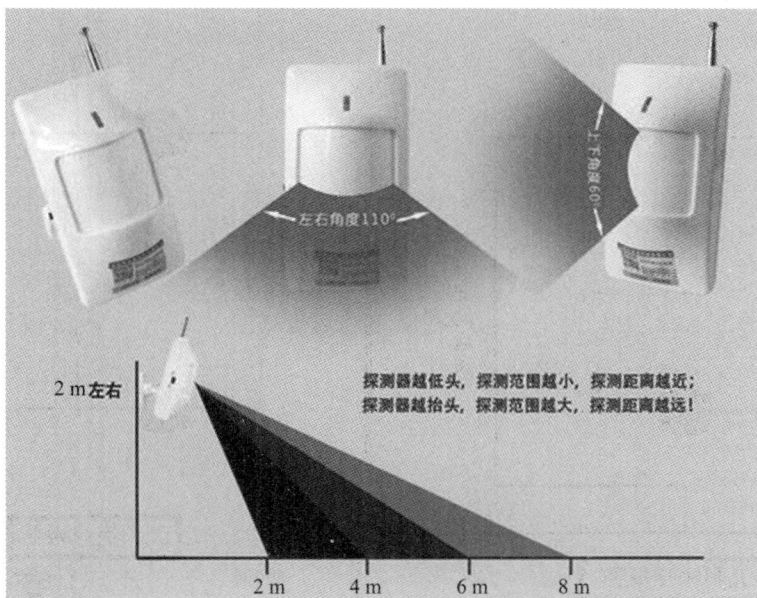

图 9-2　探测器探测范围、探测距离示意图

4　防护对象应在入侵探测器的有效探测范围内，入侵探测器覆盖范围内应无盲区，覆盖范围边缘与防护对象间的距离宜大于 5 m。

5　当多个探测器的探测范围有交叉覆盖时，应避免相互干扰。

某银行一键报警传输系统如图 9-3 所示。

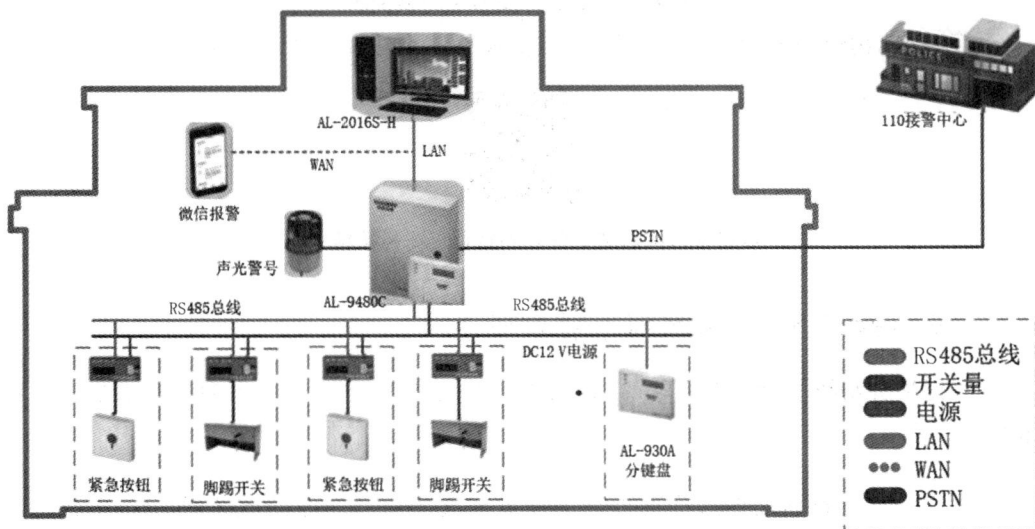

图 9-3　某银行一键报警传输系统

某医院一键报警传输系统如图 9-4 所示。

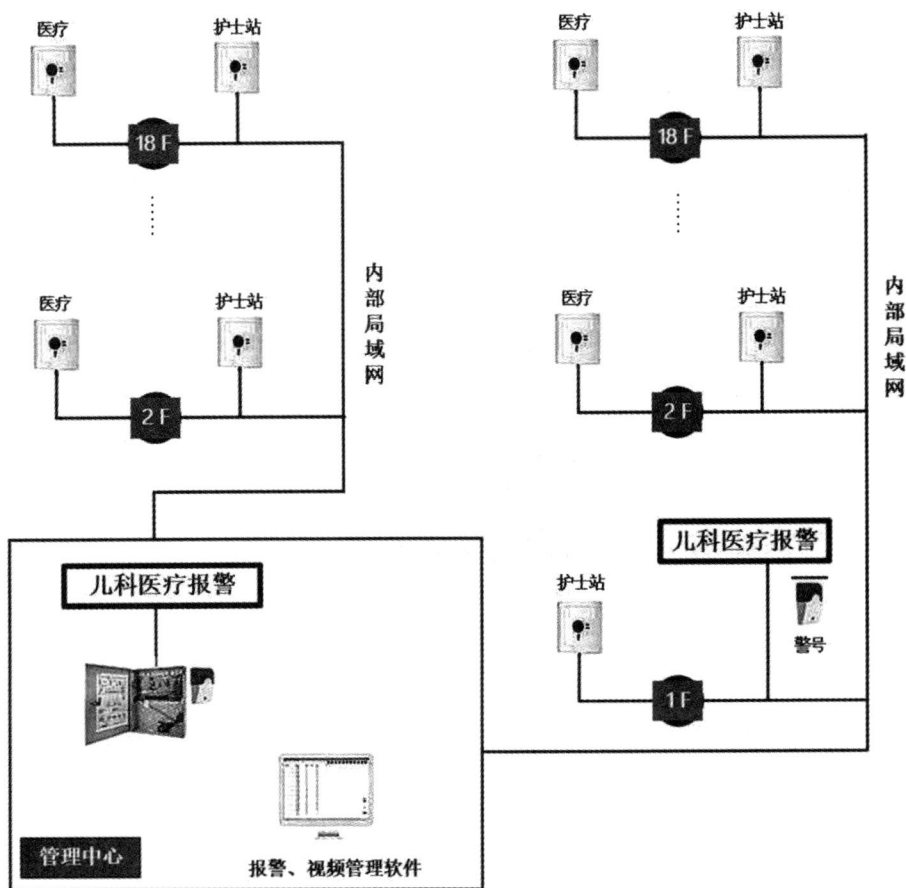

图 9-4　某医院一键报警传输系统

某遗址博物馆智能化入侵报警设备招投标实例可扫描二维码查看。

某遗址博物馆智能化入侵报警设备招投标（1）

（三）知识点 3：入侵报警控制设备

《入侵报警系统工程设计规范》（GB 50394—2007）第 6.2.1 条和第 6.2.2 条内容如下。

6.2.1　控制设备的选型除应符合本规范第 3.0.3 条的规定外，尚应符合下列规定：

1　应根据系统规模、系统功能、信号传输方式及安全管理要求等选择报警控制设备的类型。

2　宜具有可编程和联网功能。

3　接入公共网络的报警控制设备应满足相应网络的入网接口要求。

4　应具有与其他系统联动或集成的输入、输出接口。

6.2.2　控制设备的设置应符合下列规定：

1　现场报警控制设备和传输设备应采取防拆、防破坏措施，并应设置在安全可靠的场所。

2　不需要人员操作的现场报警控制设备和传输设备宜采取电子/实体防护措施。

3　壁挂式报警控制设备在墙上的安装位置，其底边距地面的高度不应小于 1.5 m，如靠门安装时，宜安装在门轴的另一侧；如靠近门轴安装时，靠近其门轴的侧面距离不应小于 0.5 m。

4　台式报警控制设备的操作、显示面板和管理计算机的显示器屏幕应避开阳光直射。

某遗址博物馆智能化入侵报警设备招投标实例可扫描二维码查看。

某遗址博物馆智能化入侵报警设备招投标（2）

（四）知识点 4：入侵报警无线设备

《入侵报警系统工程设计规范》（GB 50394—2007）第 6.3.1 条和第 6.3.2 条内容如下。

6.3.1　无线报警的设备选型除应符合本规范第 3.0.3 条的规定外，尚应符合下列规定：

1　载波频率和发射功率应符合国家相关管理规定。

2　探测器的无线发射机使用的电池应保证有效使用时间不少于 6 个月，在发出欠压报警信号后，电源应能支持发射机正常工作 7 d。

3　无线紧急报警装置应能在整个防范区域内触发报警。

4　无线报警发射机应有防拆报警和防破坏报警功能。

6.3.2　接收机的位置应由现场试验确定，保证能接收到防范区域内任意发射机发出的报警信号。

（五）知识点 5：入侵报警管理软件

系统管理软件的选型除应符合国家现行相关标准的规定外，还应具有以下功能：

① 电子地图显示，能局部放大报警部位，并发出声、光报警提示。

② 实时记录系统开机、关机、操作、报警、故障等信息，并具有查询、打印、防篡改功能。

③ 设定操作权限，对操作（管理）员的登录、交接进行管理。

另外，系统管理软件应汉化；系统管理软件应有较强的容错能力，应有备份和维护保障能力；系统管理软件发生异常后，应能在 3 s 内发出故障报警信号。

某遗址博物馆智能化入侵报警设备招投标实例可扫描二维码查看。

某遗址博物馆智能化入侵报警设备招投标（3）

练习题

判断题

防护对象应在入侵探测器的有效探测范围内，入侵探测器覆盖范围内应无盲区，覆盖范围边缘与防护对象间的距离宜大于 5 m。（   ）

答案： 正确

（六）知识点 6：报警中心的设计

报警中心自动获取、传输报警及非报警信息，中心负责处理警情，在中心复核判断，查清原因，消除误报，经过证实后确认是有问题的，通知有关负责部门，以便实施打击罪犯或处理紧急呼救。

报警中心提供一套安全、可靠和专业的报警中心监控服务，减少因误报而引起的不必要的资源及人力浪费，以协助有关单位采取有效和适当的救援措施。

1. 报警中心的组成

报警中心接收前端控制器发出的报警、撤防、布防、恢复等各种事件信息，处理报警事件并对其他事件进行监测，以保证前端控制器正常工作，确保用户的安全，避免或尽可能减少用户的损失。

报警中心由具备不同功能的各种服务器和工作站组成，一起协同完成报警接收、处理、转发、管理等一系列工作；服务器和工作站由受理台、接收设备、转发设备、网络设备、维护终端等构成。报警中心组成如图 9-5 所示。

2. 报警中心的功能

1）报警接收设备功能

报警接收设备上安装了硬件接收设备以及相应的服务程序，用以接收来自用户端的控制器事件，同时配有相应的调度程序，向不同的受理台发送控制器事件。

以太网传输接收设备驱动模块对应着计算机内的一个网卡，这个网卡的 IP 地址就是前端设备中设置的报警中心的 IP 地址。智能终端与报警中心基于 TCP/IP Socket 通信。

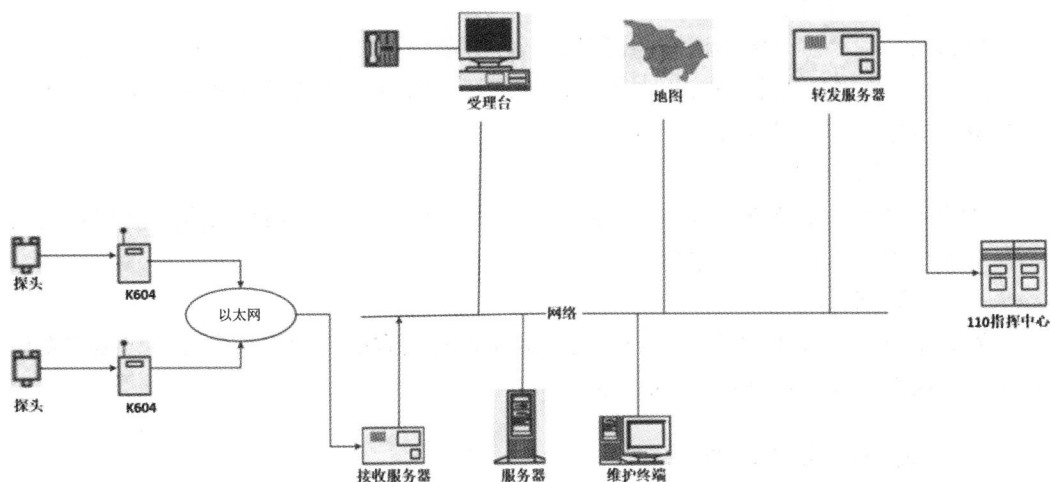

图 9-5　报警中心组成图

2）受理台功能

受理台的任务可以根据所接收事件性质的不同或者用户范围的不同进行划分，完成不同的工作。例如：专门接收一般报警事件的受理台，专门接收紧急报警事件的受理台，专门接收用户设备工作状态的受理台。

① 事件接收：显示事件及报警用户的相关信息、发生提示、地图显示的所在街区的位置、防区图显示的内部探头的安装位置。

② 现场监听及录音：对于设定了自动监听功能的控制器，一旦有报警信号上传，系统就自动进入监听状态，同时开始录音，报警中心的操作人员可通过受理台的电话监听现场声音。如果操作人员需要延长录音时间，系统就会自动向控制器方发出延长监听请求。对于已经录音的事件还可以进行重复播放。

③ 报警转发：当确认某一报警事件需要由 110 指挥中心进行处理时，就可以向110 指挥中心进行转发，当转发设备与 110 指挥中心建立连接以后，就可以与 110 指挥中心进行通话，同时 110 指挥中心也可监听现场情况。

④ 用户浏览：可以按照用户范围、行业性质、所属派出所浏览用户信息。

⑤ 系统事件记录：系统自动记录本台机器发生的所有系统事件，以便确认责任，便于系统维护。

⑥ 用户状态管理：系统记录所有用户控制器的当前状态。

⑦ 撤布防时间表：对于未能在规定的撤布防时间内撤布防的用户加以提示。

⑧ 控制器运行状态表：实时记录和显示每个用户的控制器状态，对于异常状态未能在规定时间内得到恢复的用户，给以相应的提示。

⑨ 控制器自动测试时间表：系统记录每个具有自动测试功能的控制器的测试间隔和最后一次测试时间，对于未能按时自动测试的用户给出提示。

⑩ 报到管理：对于设置了任意事件报到的用户，在相应的时间间隔内，系统收到任何一个控制器事件都认为控制器正常报到。

3）转发设备功能

当确认了报警事件需要派警的时候，操作人员向110指挥中心发送报警信息，操作人员就可以与110指挥中心工作人员进行通话，同时对方的计算机屏幕上显示出相应的用户信息以及案发性质和位置。

4）维护终端功能

维护终端用于系统维护及用户管理，可录入、编辑、修改用户数据，进行系统设置、系统维护、编辑辅助数据库等。

5）数据库服务器功能

数据库服务器（如 SQL Server）完成系统所有的数据库操作及管理，包括数据库的建立、数据的读/写、数据备份恢复等。

3. 报警中心工作过程

报警中心采用先进及具有经济效益的科技手段，有效防范因盗窃、暴力、火灾、伤病等所引起的损害和伤亡。

报警中心的一般工作步骤是截取信息→发送→接收→处理→证实→出动→清除。其具体工作过程可描述如下：

① 探头监测到报警信号或由人工启动紧急开关；

② 报警主机通过电话网自动向报警中心的接收设备拨号；

③ 建立连接后，把报警信号传送给报警中心；

④ 报警中心将接收到的用户主机所发来的信号，按事件的类型发送到相应的受理台；

⑤ 受理台显示发生警情的用户的相关信息；

⑥ 监听现场情况，对警情信息进行分析和处理；

⑦ 将需要处警的报警事件转发到110指挥中心或有关的处警单位。

知识拓展

银行一键紧急求助报警系统设计方案

一、工程概况及总体设计

（一）工程概况

近年来银行自动取款机大量普及，方便了群众也为银行节省了大量人力资源。但自动取款机和存取款的储户也很容易成为犯罪分子作案的对象。虽然在自动取款机上或者附近安装了视频监控，但还是没能杜绝针对自动取款机和操作人恶性事件的发生。银行一键紧急求助报警系统在这种背景下，得到了越来越广泛的应用。

银行一键紧急求助报警系统提供了一个及时制止和预防犯罪事件发生的快捷途径，为避免恶性案件及事后取证追查工作的进行提供了保证，真正发挥了技术防范的优势。

银行一键紧急求助报警系统能够提高储户在操作自动取款机时的安全感，同时，可以通过咨询按钮，及时解决操作过程中出现的不出钞、吞卡等问题。银行可以将操作过程中的问题集中处理，节省人力资源，大幅提升服务品质。

（二）设计依据

①《安全防范工程技术标准》（GB 50348—2018）；

②《入侵探测器　第1部分：通用要求》（GB 10408.1—2000）；

③《入侵和紧急报警系统　控制指示设备》（GB 12663—2019）；

④《入侵报警系统工程设计规范》（GB 50394—2007）；

⑤《安全防范系统供电技术要求》（GB/T 15408—2011）；

⑥《安全防范系统光端机技术要求》（GA/T 1178—2014）；

⑦《信息安全技术　路由器安全技术要求》（GB/T 18018—2019）；

⑧《以太网交换机测试方法》（YD/T 1141—2022）；

⑨《安全防范报警设备　安全要求和试验方法》（GB 16796—2022）；

⑩《安全防范系统通用图形符号》（GA/T 74—2017）；

⑪《安全防范系统验收规则》（GA 308—2001）。

（三）设计原则

本方案设计遵循技术先进、功能齐全、性能稳定、节约成本的原则，综合考虑施工、维护及操作因素，并将为今后的发展、扩建、改造等留有扩充的余地。本系统设计方案具有科学性、合理性、可操作性。本系统的设计原则如下。

1. 先进性与适用性

采用目前先进的软、硬件及网络技术，出错率低、兼容性强、升级容易；采用模块式结构，扩容方便，没有重复建设投资，系统的技术性能和质量指标达到国际领先水平；同时，系统的安装调试、软件编程和操作使用简便易行，容易掌握，适合中国国情和本项目的特点。该系统集国际上众多先进技术于一身，体现了当前计算机控制技术与计算机网络技术的最新发展水平，适应时代发展的要求。同时该系统是面向各种管理层次使用的系统，其功能的配置以给用户提供舒适、安全、方便、快捷的服务为准则，操作简便易学。

2. 经济性与实用性

系统的设计充分考虑用户实际需要和信息技术发展趋势，根据用户现场环境，设计选用功能适合现场情况、符合用户要求的系统配置方案，通过严密、有机的组合，实现最佳的性价比，以便节约工程投资，同时保证满足系统功能实施的需求，经济实用。

3. 可靠性与安全性

硬件选用先进、成熟、可靠的产品，是已在类似工程中使用过许多次的、环境适应性较强的硬件；软件均选用良好的中文界面；系统的设计具有较高的可靠性，在系统故障或事故造成中断后，能确保数据的准确性、完整性和一致性，并具备迅速恢复的功能，同时系统具有一套完整的系统管理策略，可以保证系统的运行安全。

4. 开放性

考虑到周边信息通信环境的现状和技术的发展趋势，该系统可与消防、监控、聚光系统实现联动。

5. 可扩充性

系统设计中考虑到今后技术的发展和使用的需要，具有更新、扩充和升级的可能，本方案在设计中留有冗余，以满足今后的发展要求。通过部件化、模块化和层次化的系统规划设计，为正常使用和故障检测带来极大的方便。

二、系统设计

（一）项目需求

通过银行一键紧急求助报警系统可以准确处理以下各类问题：

① 用户在银行自动取款机上办理业务时，如遇紧急情况，可按下对讲终端紧急呼叫按钮，向银行安保中心求救与报警。

② 用户操作自动取款机遇到困难或突发事件（如出钞口被封、吞卡、吞钞、发现假告示、机器故障等）时，都可通过对讲终端快速呼叫银行值班人员，请求帮助，整个对讲过程录音保存。

③ 银行安保中心值班人员可以通过视频监控、语音监听实时观察自助银行内部情况，如有异常，可实施威慑喊话。

（二）系统组成

系统硬件由管理中心设备（寻呼主机）、终端求助设备（分机），以及将管理设备和终端设备连接起来的网络设备（IP 地址盒）等组成。通常情况下，系统利用银行现有的局域网构建，使建设成本大大降低。

1. 设备选型

中心：中心采用寻呼主机的方式进行管理，各终端求助设备（分机）的警情通过银行内网实现信息上传，上传至银行监控中心的寻呼主机，寻呼主机与终端求助设备（分机）可以实现双向对讲、监听、喊话等功能。

前端：前端可根据实地现场需要选择不同的一键报警设备，一键紧急报警可实现求助报警；一键语音报警可实现对讲求助报警；一键视频报警可实现"视频＋对讲＋报警"的紧急报警功能。

2. 系统示意图

一键视频对讲报警方案系统图如图 9-6 所示。

一键视频对讲报警系统解决方案拓扑图如图 9-7 所示。

3. 系统功能

1）视频对讲

一键呼叫，音像结合，管理中心人员和紧急求助者进行视频语音全双工通话，简单明了。

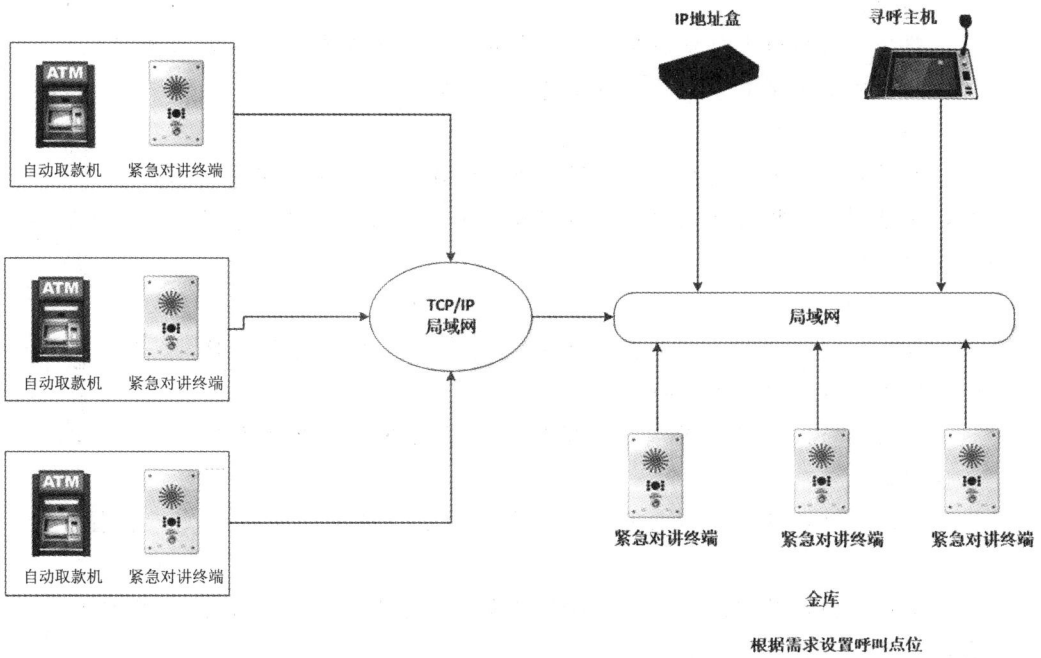

图 9-6　一键视频对讲报警方案系统图

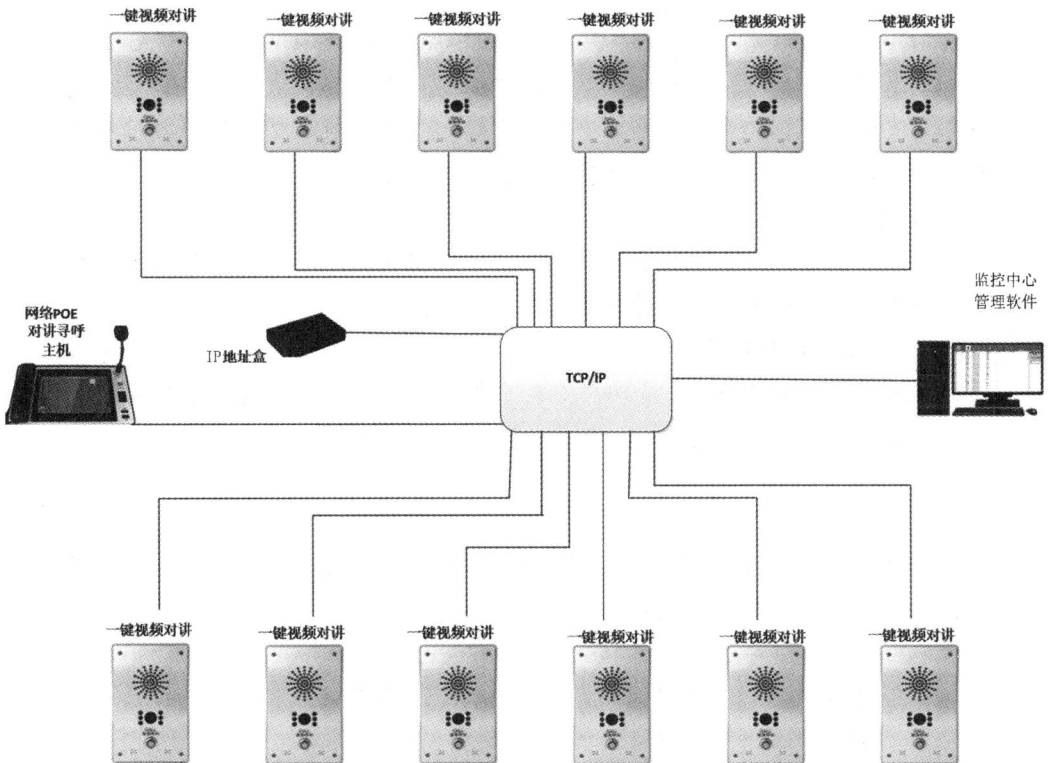

图 9-7　一键视频对讲报警系统解决方案拓扑图

2）监控广播

监控中心值班人员发现自助终端有异常时，可对自助终端喊话和监视监听，监控中心也可对多个求助终端进行广播喊话。

3）状态提示

寻呼主机屏幕上直观显示辖区内所有终端分机的实时在线状态、工作状态，方便调试、检修和维护。每路按键可添加网点位置描述信息，便于管理及操作使用。

4）公共广播

全区广播：寻呼主机可对所管理的终端设备进行全区 MP3 文件广播、喊话广播、可外接音源广播。

分区广播：寻呼主机可对所管理的终端设备分区进行 MP3 文件广播、喊话广播。

定时广播：寻呼主机具有定时广播功能，可定时自动在指定时间播放语音。

消防广播：寻呼主机可用 MP3 文件作为消防报警语音，消防报警时，自动强制切换到最大音量。

异常行为广播：视频广播终端带有智能分析功能，当所在区域发生有移动侦测报警、红外报警、遮挡报警时，主机会自动播放事先设定好的声音文件并通知监控中心人员对前端异常情况进行处置。

5）录音功能

系统服务器具有录音功能，可进行双向对讲录音、监听录音、紧急求助录音、报警录音，录音时间可以根据需求任意设置。录音文件统一存储于系统服务器，并可提供实时录音数据供平台调用开发。

6）循环监听监视

寻呼主机可任意选定终端分机进行监听监视或对所有终端分机进行循环监听监视（每路停留时长可设置，默认为 5 s）。

7）安装、调整简便

系统采用标准的 RJ45 接口，安装、调试、维护，以及变换地址安装都按照标准化的以太网规范进行，相关工作无须专门培训。

4．设备参数

1）前端设备

前端设备包括 ASA-530 一键音视频报警盒、ASA-560 一键音视频报警箱、ASA-580 一键音视频报警柱。

前端设备功能特点：

① 全金属外壳，户外防风雨，坚固耐用，造型独特醒目，易于识别；

② 内置扬声器和话筒咪头，拾音距离可达 8 m；

③ 带声光警示灯，可由监控中心控制其闪烁；

④ 前置高清摄像机，设备可与客户已有的摄像机进行联动；

⑤ 保密通话，专用音频编码格式，带加密处理，防止窃听；

⑥ 内置数字功放模块，可外接音箱，实现公共广播功能；

⑦ 支持双向语音对讲，支持对讲过程中，中心实时获取前端信息，音视频信息可实时存储到服务器和本地 SD 卡里；

⑧ 支持精确地址编辑及坐标定位，能够让工作人员在警情发生的第一时间知晓报警点的位置，方便快速处理警情；

⑨ 传输距离无限延伸，有网络的地方就可以实现对讲，构筑更广范围的信息通信系统。

2）IP 网络对讲地址盒

IP 网络对讲地址盒是核心设备，负责统一管理系统内的对讲终端注册、设备状态监控、呼叫转移等。

IP 网络对讲地址盒功能特点：

① IP 网络对讲系统的核心控制枢纽监视所有终端状态，通过电脑屏幕可以一览所有网点终端在线离线状态；

② 可选中一个网点终端，点击发起对该网点的监听和对讲；

③ 网点终端可配置详细的信息，例如地理位置、网点性质、求助呼叫时弹屏显示；

④ 分组维护，分组管理可以根据需求将多个网点终端分为一组同时处理；

⑤ 可选中一个网点终端，点击实现对该终端上监控和门禁系统的远程控制；

⑥ 来电显示，系统收到求助时，弹屏主叫（主叫号码、主叫名称）详细；

⑦ 系统接听求助后，根据情况可以发起电话转接、保持等业务；

⑧ 支持手持电话互通、监听、广播实时录音；

⑨ 单台服务器支持 2000 路终端接入，并支持多台服务器级联互通。

3）寻呼主机

寻呼主机安装在一级监控中心、领导办公室，用来控制管理辖区内所有二级主机和终端设备，可进行单向广播、双向可视对讲、监听、监视等。

二、技能点

（一）技能点 1：周界用入侵探测器的选型

《入侵报警系统工程设计规范》（GB 50394—2007）第 6.1.2 条内容如下。

6.1.2 周界用入侵探测器的选型应符合下列规定：

1 规则的外周界可选用主动式红外入侵探测器、遮挡式微波入侵探测器、振动入侵探测器、激光式探测器、光纤式周界探测器、振动电缆探测器、泄漏电缆探测器、电场感应式探测器、高压电子脉冲式探测器等。

2 不规则的外周界可选用振动入侵探测器、室外用被动红外探测器、室外用双技术探测器、光纤式周界探测器、振动电缆探测器、泄漏电缆探测器、电场感应式探测器、高压电子脉冲式探测器等。

3 无围墙/栏的外周界可选用主动式红外入侵探测器、遮挡式微波入侵探测器、激光式探测器、泄漏电缆探测器、电场感应式探测器、高压电子脉冲式探测器等。

4 内周界可选用室内用超声波多普勒探测器、被动红外探测器、振动入侵探测器、室内用被动式玻璃破碎探测器、声控振动双技术玻璃破碎探测器等。

不同类型的周界用入侵探测器如图9-8所示。

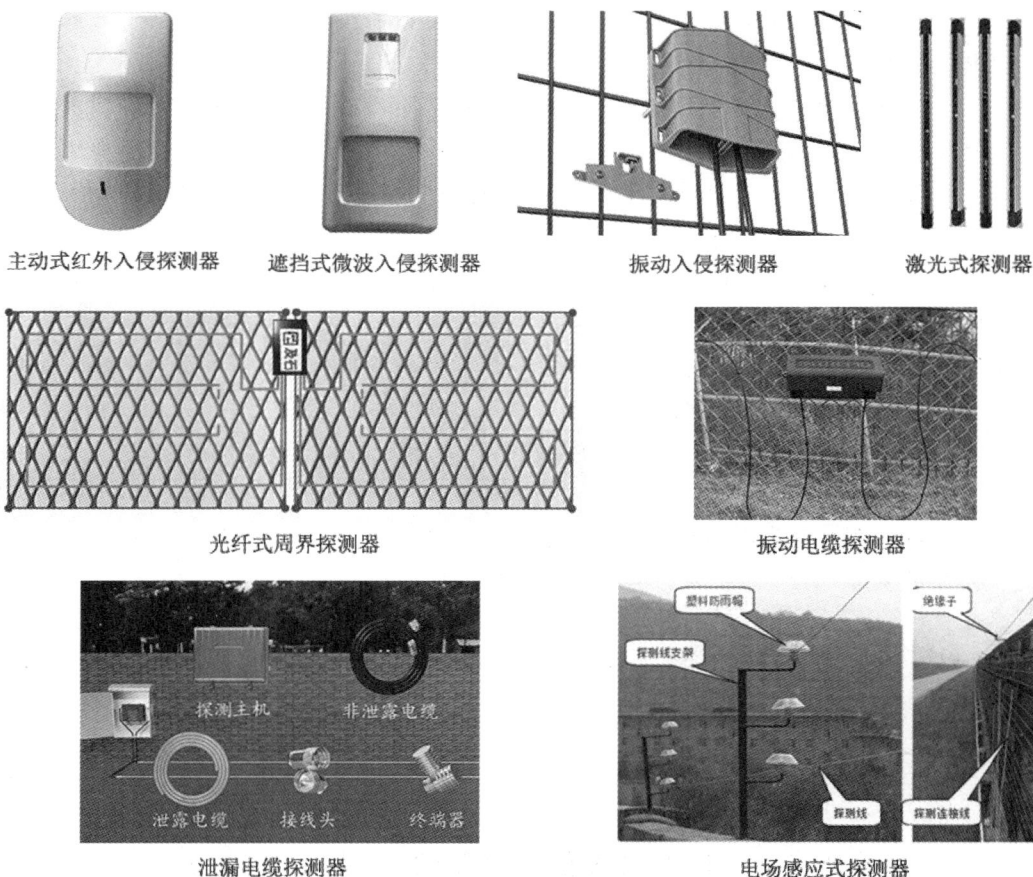

| 主动式红外入侵探测器 | 遮挡式微波入侵探测器 | 振动入侵探测器 | 激光式探测器 |

光纤式周界探测器　　　　　　　振动电缆探测器

泄漏电缆探测器　　　　　　　电场感应式探测器

图9-8　不同类型的周界用入侵探测器

（二）技能点 2：出入口部位用入侵探测器的选型

《入侵报警系统工程设计规范》（GB 50394—2007）第 6.1.3 条内容如下。

6.1.3 出入口部位用入侵探测器的选型应符合下列规定：

1 外周界出入口可选用主动式红外入侵探测器、遮挡式微波入侵探测器、激光式探测器、泄漏电缆探测器等。

2 建筑物内对人员、车辆等有通行时间界定的正常出入口（如大厅、车库出入口等）可选用室内用多普勒微波探测器、室内用被动红外探测器、微波和被动红外复合入侵探测器、磁开关入侵探测器等。

3 建筑物内非正常出入口（如窗户、天窗等）可选用室内用多普勒微波探测器、室内用被动红外探测器、室内用超声波多普勒探测器、微波和被动红外复合入侵探测器、磁开关入侵探测器、室内用被动式玻璃破碎探测器、振动入侵探测器等。

（三）技能点 3：室内用入侵探测器的选型

《入侵报警系统工程设计规范》（GB 50394—2007）第 6.1.4 条内容如下。

6.1.4 室内用入侵探测器的选型应符合下列规定：

1 室内通道可选用室内用多普勒微波探测器、室内用被动红外探测器、室内用超声波多普勒探测器、微波和被动红外复合入侵探测器等。

2 室内公共区域可选用室内用多普勒微波探测器、室内用被动红外探测器、室内用超声波多普勒探测器、微波和被动红外复合入侵探测器、室内用被动式玻璃破碎探测器、振动入侵探测器、紧急报警装置等。宜设置两种以上不同探测原理的探测器。

3 室内重要部位可选用室内用多普勒微波探测器、室内用被动红外探测器、室内用超声波多普勒探测器、微波和被动红外复合入侵探测器、磁开关入侵探测器、室内用被动式玻璃破碎探测器、振动入侵探测器、紧急报警装置等。宜设置两种以上不同探测原理的探测器。

不同类型的室内用入侵探测器如图 9-9 所示。

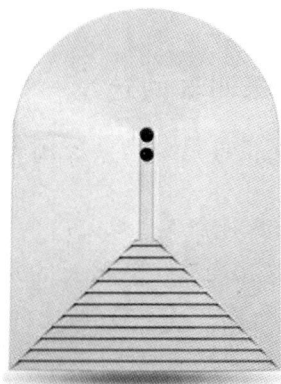

玻璃破碎探测器

三鉴红外探测器

吸顶三鉴红外探测器

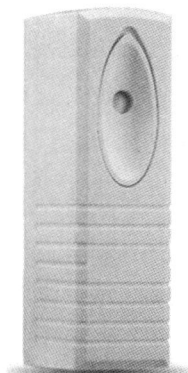

振动入侵探测器

图 9-9　不同类型的室内用入侵探测器

知识拓展

部队振动光纤报警系统

一、工程概况及总体设计

工程项目名称：部队振动光纤报警系统。

（一）工程概况

部队是国家的武装力量，高度机密的机构，保密级别高，它的安全防范工作极为重要，一旦有人进入盗取资料，将造成不可估量的损失。偷盗者的入侵（如进入部队弹药库等），非常容易引发安全事故，不仅会造成生命危险，还会造成资源的浪费，给国家带来巨大损失。为了防止这种事情的发生，部队之前采用高压电网方式来预防，但容易致人死亡，误伤事件时有发生，影响部队和地方关系。因此，采用振动光纤对部队周界进行安全防范建设、强化技防工作是当务之急。整个安全防范系统以人力防范为基础，以技术防范和实体防范为手段，提升部队的安防水平，为部队的安全和发展保驾护航。

振动光纤报警系统的总体功能是有效地探测非法入侵，一旦有警情的发生，能在第一时间将报警信号传送到监控中心，并可以联动现场的摄像机、照明灯、声光报警器等设备，进行全方位的现场监控和管理，并能存储报警日志，形成一套有效完善的安全保障体系。

（二）设计依据

①《安全防范工程技术标准》（GB 50348—2018）；

②《入侵报警系统工程设计规范》（GB 50394—2017）；

③《安全防范系统供电技术要求》（GB/T 15408—2011）；

④《脉冲电子围栏及其安装和安全运行》（GB/T 7946—2015）；

⑤《电子围栏导体用铝合金线材》（GB/T 37329—2019）；

⑥《安全防范系统光端机技术要求》（GA/T 1178—2014）；

⑦《信息安全技术　路由器安全技术要求》（GB/T 18018—2019）；

⑧《以太网交换机测试方法》（YD/T 1141—2022）；

⑨《安全防范报警设备　安全要求和试验方法》（GB 16796—2022）。

（三）设计原则

本方案设计遵循技术先进、功能齐全、性能稳定、节约成本的原则，综合考虑施工、维护及操作因素，并将为今后的发展、扩建、改造等留有扩充的余地。本系统设计方案具有科学性、合理性、可操作性。本系统的设计原则如下。

1. 先进性与适用性

采用目前先进的软、硬件及网络技术，出错率低、兼容性强、升级容易；采用模块式结构，扩容方便，没有重复建设投资，系统的技术性能和质量指标达到国际领先水平；同时，系统的安装调试、软件编程和操作使用简便易行，容易掌握，适合中国国情和本项目的特点。该系统集国际上众多先进技术于一身，体现了当前计算机控制技术与计算机网络技术的最新发展水平，适应时代发展的要求。同时该系统是面向各种管理层次使用的系统，其功能的配置以给用户提供舒适、安全、方便、快捷的服务为准则，操作简便易学。

2. 经济性与实用性

系统的设计充分考虑用户实际需要和信息技术发展趋势，根据用户现场环境，设计选用功能适合现场情况、符合用户要求的系统配置方案，通过严密、有机的组合，实现最佳的性价比，以便节约工程投资，同时保证满足系统功能实施的需求，经济实用。

3. 可靠性与安全性

硬件选用先进、成熟、可靠的产品，是已在类似工程中使用过许多次的、证明能适应室外环境的硬件；软件均选用良好的中文界面；系统的设计具有较高的可靠性，在系统故障或事故造成中断后，能确保数据的准确性、完整性和一致性，并具备迅速恢复的功能，同时系统具有一套完整的系统管理策略，可以保证系统的运行安全。

4. 开放性

考虑到周边信息通信环境的现状和技术的发展趋势，该系统可与消防、监控、聚光系统实现联动。

5. 可扩充性

系统设计中考虑到今后技术的发展和使用的需要，具有更新、扩充和升级的可能，本方案在设计中留有冗余，以满足今后的发展要求。通过部件化、模块化和层次化的系统规划设计，为正常使用和故障检测带来极大的方便。

（四）项目防范要求

根据某部队周界安全防范的需求，建设一套先进的、可靠的、全面的、多层次的、立体化的周界报警系统，再配合必要的人防、物防手段，实现全天候传感探测预警，对周界实现全方位监控报警，有效地保障该区域内人员安全，维护治安管理秩序。

现场防范区域采用光纤进行实时监测探测，大大简化了施工工序，无须考虑防雷接地，光缆一次接入成型，后期稳固使用，能够降低施工及使用和维护成本。施工实施阶段不会对周界防护警戒区域设施造成任何影响，同时也不会对现场环境造成污染，最大限度降低施工成本，同时不影响作业区域的正常运营。系统误报率低，操作使用简单，维护量小。

（五）系统设计目标

本项目安全技术防范系统主要由振动光纤报警系统组成。系统建成后，应达到如下效果：

① 所设计的振动光纤报警系统应能够满足当前安防的要求；

② 振动光纤报警系统应保持其设备功能完善、齐全，对常见外界干扰因素，如刮风下雨等能通过硬件设备探测并分析处理以保证整个系统的先进性和低误报性；

③ 振动光纤报警系统和系统所属设备的选型及安装应便于日常的管理和维护。

（六）系统组成

本项目的报警系统主要由双防区振动光纤报警信号采集器、振动传感光缆、终端盒、防区网络扩展模块以及后端报警控制主机或者管理平台组成。振动光纤报警系统组成如图9-10所示。

二、系统设计分析

（一）系统功能分析

本方案充分考虑某部队周界安全防范的实际需求和围界环境，并结合当今的技术现状，按照高可靠性、先进性及适用性的原则进行设计。振动光纤报警系统具备以下功能：

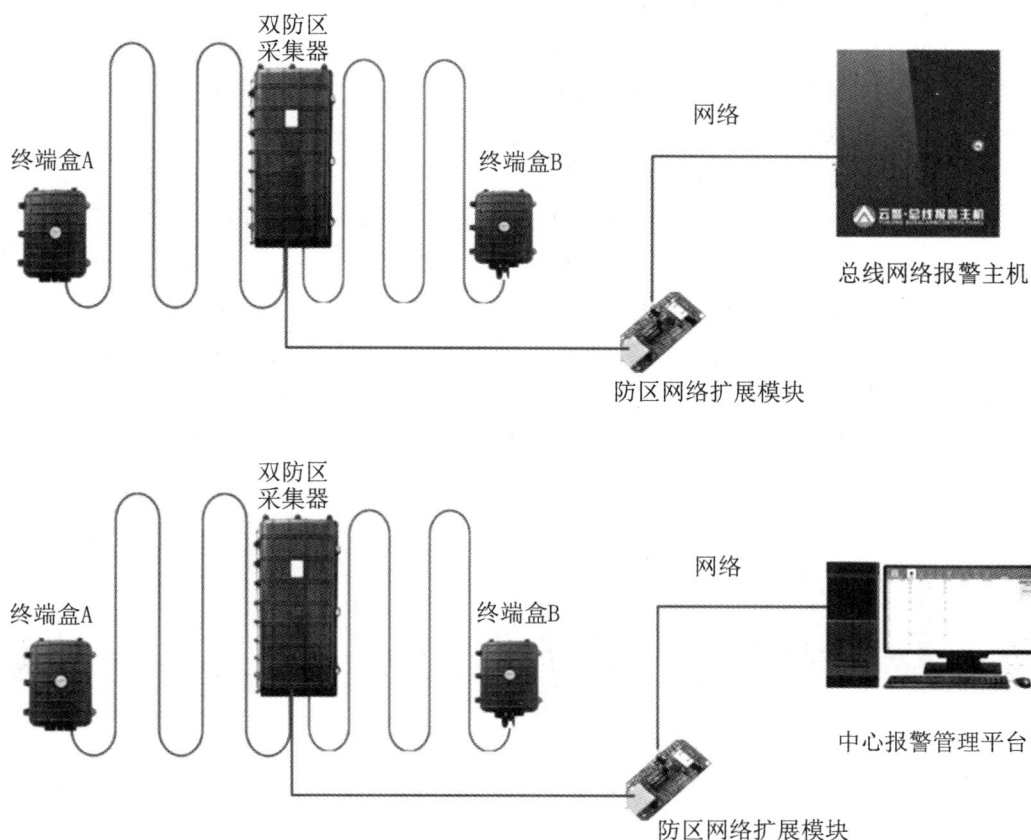

图 9-10 振动光纤报警系统组成图

当入侵者试图翻越或破坏围界时，直接或间接造成光纤微动感应，从而改变光纤内的物理光波信号，系统接收到异常信号，经光纤感应采集器分析处理后，由报警主控装置输出报警及联动信号，并在报警管理平台上以电子地图或者视频联动形式显示报警区域。

（二）系统结构分析

根据某部队周界防范工程的实际防范要求，周界统一采用集可靠性、稳定性为一体的振动光纤报警系统，针对周界防护的实际需要做无缝等级防范，可以 24 小时不间断进行周界防护。在做本次系统的设计时，除了采用技术先进、功能完善的设备外，还为该项目今后的调整做了充分的准备。

布控点及距离的选择，防范范围的设计，设备的配置，整个系统的完整性、可靠性、开放性，整体的防范水平与综合功能防区，与建筑结构的适应性是本次设计的重点，以保证在防范范围内出现任何情况时，有关人员能及早采取有效措施，及时制止入侵事件的发生。

（三）周界报警系统设计方案描述

根据现场情况和工程要求，采用振动光纤报警系统。依据现场的防范防御等级，结合现场实际需要科学划分区域管理。

本项目周界长为×千米，划分为×个防区进行防范，采取挂网式振动光纤探测入侵防范方式，立体交叉无任何盲区，构成有效的探测防范预警系统，每个防区的长度根据实际地形情况而定。×台双防区振动光纤报警信号采集器安装在室外周界围墙上，采集器通过探测感应非法人员靠近该区域的振动信号，同时区分人员入侵信号和其他振动误报源信号特征，排除误报源，构成有效的防翻越防御探测防范预警系统。

1. 探测部分：双防区采集器、振动传感光缆、终端盒等附件

本系统中采用光缆作为前端探测传感信号的探测单元，并进行信号的传输，利用双防区采集器采集振动传感光缆经过外力振动后产生的光信号，并对该信号进行分析处理，如图 9-11 所示。光缆具有耐高温、抗腐蚀、防雷击、使用寿命长、不受电磁场影响，也不产生电磁场等特性，因此采用光缆作为前端探测单元，大大提高报警系统的稳定性、安全性、可靠性。

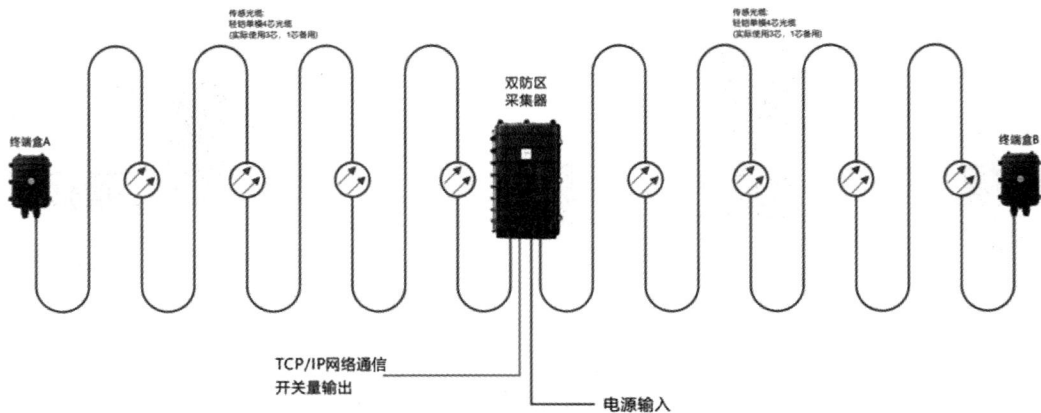

图 9-11 振动光纤报警系统前端探测单元图

2. 中心控制部分

根据设计要求，为了较好地实现防范功能，同时使系统具有较高的先进性、可靠性、可扩展性、经济性，中心报警主机选择大型总线报警主机，总线报警主机的技术特点是稳定可靠、报警快捷、设计简单、施工便利。系统采用 RS485 总线通信方式，为用户组建一套功能先进、价格合理、质量稳定的报警联动安防系统。

3. 中心报警软件

AL-2008S 综合管理软件是周界报警系统的重要组成，整个系统通过它来进行各种信息处理和管理操作。AL-2008S 综合管理软件可接收多台报警设备的警情信息，集成激光对射系统、总线报警系统、一键语音求助报警系统、电子围栏系统等。

4. 传输部分

系统采用 TCP/IP 网络通信方式，TCP/IP 网络广泛运用于各种工业控制领域及各种传感采集系统的组网通信方式中。

5. 报警通知

① 探测到异常的探测器立即发出报警信号到报警中心，报警中心通过 LCD 中文键盘识别报警区域确切位置；

② 报警中心发出警笛、警灯提示；

③ 报警中心进行报警状态、报警时间的记录；

④ 警情处理完毕后，报警中心可控制前端设备状态的恢复。

（四）系统工作原理

振动光纤报警系统中的激光器发光，光信号通过光缆经过光纤耦合器，产生两道干涉信号，信号可利用光缆作为振动传感载体，实现探测防护。当非法入侵信号强度高出预定指标，系统产生报警信号。系统可以提供各个防区报警的开关量信号，该报警信号（开关量）接入防区网络模块，通过 TCP/IP 网络通信方式上传到后端报警控制主机，后端控制系统接收到报警信号，这时中心的报警系统立即报警，并通过 LCD 中文键盘显示报警区域，或通过电子地图显示报警点位，再配合必要的人防、物防手段，实现对周界围墙的全方位监控报警，有效地保障人员安全，维护治安管理秩序。

（五）振动光纤报警系统图

振动光纤报警系统如图 9-12 所示。

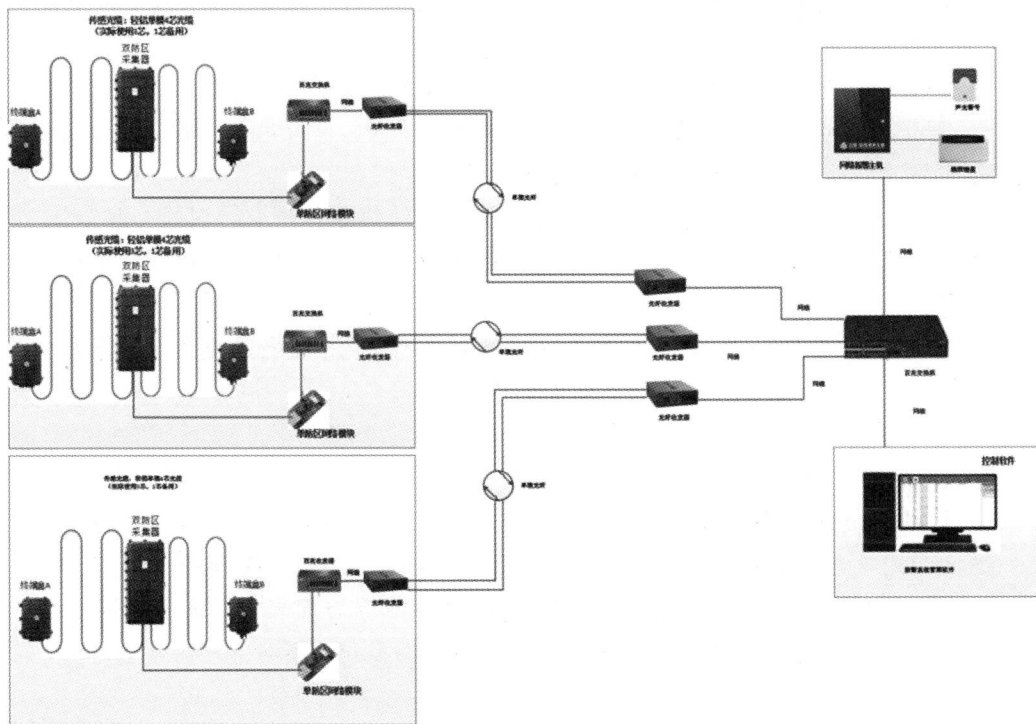

图 9-12　振动光纤报警系统图

（六）振动光纤报警系统优势

① 系统以光缆为感应单元，利用外界振动对光特性的改变实现长距离、大范围防区的探测。

② 采用轻铠单模多芯光缆作为无源探测器，有效避免了雷电干扰，适用于易燃易爆以及强电磁干扰等场所。

③ 系统适用于各种复杂地形，可实现对不规则周界防区的探测。光缆具有较高的灵敏度，既可以直接铺设在各种铁网铁艺上，也可直接埋设在各种地面下，形成隐蔽的防护系统。

④ 系统使用寿命长，维护费用低，产品应用环境范围广，性价比高。

⑤ 防断电性能：当系统所在环境停电或电路遭破坏时，后备电源可支持系统继续工作（不少于8小时）；如后备电源没了，中心会立即收到设备离线信息。

⑥ 抗干扰：系统通过了各项指标，雷击、电磁辐射等试验。

⑦ 系统报警可以联动现场视频监控、电子地图、声光警号等，确保报警信息更准确、及时、稳定地传输，全天候守护周界安全。

⑧ 具备图形显示功能，采用中文界面，能添加项目的防区图、周界环境图等，并采用中文标注图中的各个报警区域、主要部位的名称及位置。

⑨ 系统具备状态显示功能，以文字图形等显示各安全防范系统的安防事件报警信息、故障报警信息、布防和撤防区域、各安全防范系统设备的关闭和开启状态等。

⑩ 系统具备操作管理功能，能设定操作权限。

⑪ 系统具备信息记录功能，能记录管辖范围内的所有事件及其时间，包括安防事件报警与复位、设备故障报警与恢复。

⑫ 系统具备记录处理功能，能进行历史记录的分类检索、调阅、打印、报表生成和下载，在事件查询的同时，能回放与该事件相关联的视频记录文件。

⑬ 系统具备修改功能，能在操作权限允许的条件下进行各类防区的增加和删除、设备类型的修改，以及防区名称的修改。

（七）设备参数

1. 管理软件

AL-2008S综合管理软件是智能网络报警系统的重要组成，整个联网系统通过它来进行各种信息处理和管理操作。AL-2008S综合管理软件界面简洁，可接收多台报警设备的警情信息。AL-2008S综合管理软件集成总线制报警系统、分线制报警系统、一键语音求助报警系统、脉冲电子围栏系统、张力围栏系统、振动光纤报警系统等。

2. 总线管理主机

总线管理主机产品特性：

① 8个板载有线防区，可扩展至2048个防区。

② 可扩展至 4096 个联动继电器或 LED 输出。

③ 自带两路总线扩展接口，每条总线可达 1.2 km，最远可扩展为 9.6 km（需加中继器），采用手牵手总线拓扑方式。

④ 支持通过网络（10 Mbps/100 Mbps 兼容）、串口等方式上传报警数据到管理软件。

⑤ 支持 4 个独立的以太网报警中心、3 个独立的电话报警中心。

⑥ 支持短信通知（需加 AL-7400G 模块），支持 8 个用户电话号码。

⑦ 支持 1000 条报警事件记录、1000 条操作事件和管理操作记录，支持远程搜索查询事件日志等。

3. LCD 中文键盘

AL-730 LCD 中文键盘可用于各种编程操作、显示报警信息，在某些场合使用中可配置遥控器。

4. 单防区网络模块

① 支持接入 1 个常闭（NC）信号探测设备；

② 支持通过 TCP/IP 通信方式上传至报警软件或者网络报警主机；

③ 支持报警软件或者网络报警主机对单防区网络模块布撤防；

④ 通过网络接口可以实现上报 2 个中心；

⑤ 支持本地配置工具客户端编程及升级工程。

5. 双防区采集器

双防区采集器是振动光纤报警系统中的核心部分，可安装在周界围墙上，主要用于采集振动传感光缆经过外力振动后产生的光信号，并对该信号进行分析处理。采集器内部结构采用模块化设计，维护简单方便。

6. 终端盒

终端盒是用于该防区振动传感光缆的末端接口，实现光信号传输转换的无源光纤设备，以保证在各种自然环境下传感光缆的光路正常工作。

7. 振动传感光缆（轻铠单模光缆）

振动传感光缆是一种敷设在铁艺铁网或埋入各种土质内的无源分布式普通通信级光缆，可视为报警传感器。光缆作为传感单元，外界的强电磁场、雷电等因素不会对其产生影响，光缆要求抗紫外线、抗老化，适用于各类环境。

三、各类围网介质及振动传感光缆敷设图示例

（一）振动传感光缆墙顶敷设效果示意图

振动传感光缆在墙顶敷设的效果如图 9-13 和图 9-14 所示。

（二）围网铁艺介质及振动传感光缆敷设效果示意图

围网铁艺介质及振动传感光缆的敷设效果如图 9-15 所示。

（三）围网栅栏介质及振动传感光缆敷设效果示意图

围网栅栏介质及振动传感光缆的敷设效果如图 9-16 所示。

图 9-13　振动传感光缆墙顶敷设效果

图 9-14　振动传感光缆墙顶扣网敷设效果

围网铁艺介质及振动传感光缆的敷设效果　　　铁艺墙垛及振动传感光缆敷设效果

图 9-15　围网铁艺介质及振动传感光缆的敷设效果

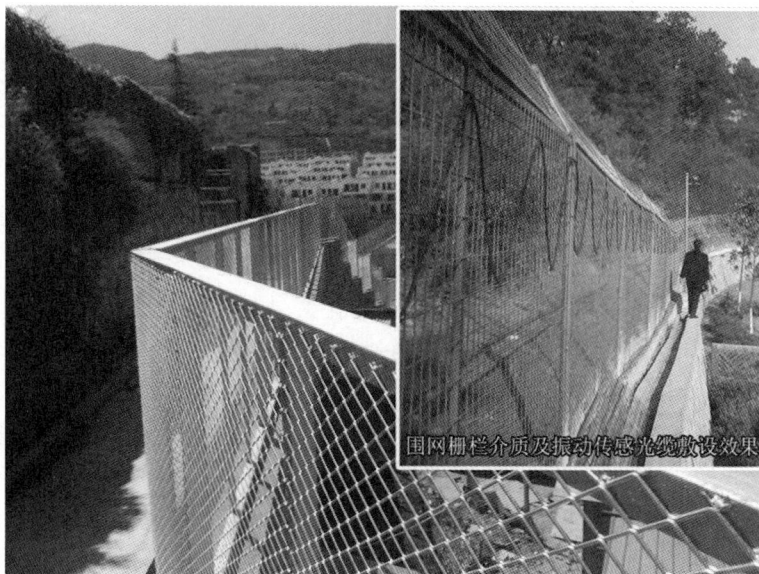

图 9-16　围网栅栏介质及振动传感光缆的敷设效果

任务十　智能化入侵报警系统工程识图绘图

教学目标

知识目标	能力目标	素养目标
识记智能化入侵报警系统识图图例； 理解智能化入侵报警系统识图常识； 区别分线制、总线制和公共网络模式传输方式的框图	能够绘制常用的智能化入侵报警系统识图图例； 能够绘制智能化入侵报警系统分线制、总线制和公共网络模式传输方式的框图	培养学生精益求精的敬业精神和工匠精神； 培养学生的规范标准意识

标准规范

本任务需要掌握的标准规范有：

①《安全防范系统通用图形符号》（GA/T 74—2017）；

②《入侵报警系统应用基本技术要求》（DB31/T 1086—2018）；

③《入侵报警系统工程设计规范》（GB 50394—2007）。

案例导入

在初步设计环节需要根据任务设计书及现场勘察进行设计，并形成本系统的系统图与平面图。

1. 康复中心智能化入侵报警系统的组成

康复中心智能化入侵报警系统一般由前端设备、传输设备、处理/控制/管理设备及显示/记录设备四部分组成。前端设备由安装在各防区内的探测器以及紧急报警开关等组成，负责相应防区入侵信号的探测和处理。

传输设备采用RV0.5电线进行报警信号的传输，它负责把入侵报警信号传输到报警中心的报警主机上。

处理/控制/管理设备主要实施布防、撤防，并对探测器的信号进行处理，判断是否应该产生报警状态等。

显示/记录设备直观显示和提醒、记录设防区域现场报警信息等。

2. 系统的主要功能

系统采用分线制组建模式，利用安装在各防区前端的探测器和紧急报警按钮，来实现对防区的实时入侵报警检测和人为的手动报警。安保人员可通过报警控制键盘完成智能化入侵报警系统的布防、撤防等操作，当系统处于布防状态，防区内发生非法入侵或人为触动紧急报警按钮时，系统立刻发出报警动作，如声光报警、拨打110等。报警主机及控制键盘能够显示和记录报警信息，如相应的报警防区、报警类别等。所有探测器都具有防拆功能，遭到破坏可立刻发出报警信号。

3. 前端探测器的安装位置

平面图反映系统设备在建筑平面上的安装位置，也为系统图的设计提供一定的依据。

电子围栏安装区域：康复中心四周围墙。

主动式红外探测器安装区域：康复中心周围，作为第二道周界防线。

红外、微波双鉴探测器安装区域：一楼大厅、二楼档案室、四楼财务室。

幕帘式红外探测器安装区域：二楼档案室、四楼财务室。

门磁探测器安装区域：四楼财务室。

玻璃破碎探测器安装区域：一楼窗户附近。

振动探测器安装区域：一楼窗户附近。

手动报警按钮安装区域：一楼无障碍卫生间。

4. 方案论证

完成了初步设计之后，就可以根据设计选择符合系统要求的智能化入侵报警系统产品，并进行施工图的文件编制，完成方案论证。

一、知识点

（一）知识点1：智能化入侵报警系统识图图例

表10-1列举出了《安全防范系统通用图形符号》（GA/T 74—2017）中有关智能化入侵报警系统设备的图形符号。

表 10-1　智能化入侵报警系统设备的图形符号

序号	设备名称	英文名称	图形符号	说明
4201	主动红外入侵探测器	active infrared intrusion detector		Tx 代表发射机；Rx 代表接收机
4203	激光对射入侵探测器	thru-beam laser intrusion detector		Tx 代表发射机；Rx 代表接收机
4211	被动红外探测器	passive infrared detector		
4218	被动式玻璃破碎探测器	passive glass-break detector		
4222	紧急按钮开关	panic button switch		
4224	紧急脚挑开关	emergency foot switch		
4228	警号	siren		
4234	防护区域收发器	supervised premises transceiver		入侵和紧急报警系统用

续表

序号	设备名称	英文名称	图形符号	说明
4239	入侵和紧急报警系统控制计算机	computer for intrusion and hold-up alarm system control	I&HAS	

智能化入侵报警系统的传输方式可采用分线制模式、总线制模式、无线制模式和公共网络模式等方式的组合。传输方式的确定应取决于前端设备分布、传输距离、环境条件、系统性能要求及信息容量等，宜采用有线传输为主、无线传输为辅的传输方式。各种类型的传输方式可单独使用，也可组合使用。

（二）知识点2：分线制模式传输方式框图

分线制模式，前端探测设备与中心控制设备之间，采用传输线缆直接相连构成智能化入侵报警系统，如图10-1所示。防区数量较少且报警控制设备与各探测器之间的距离不大于100 m的场所，宜选用分线制模式。

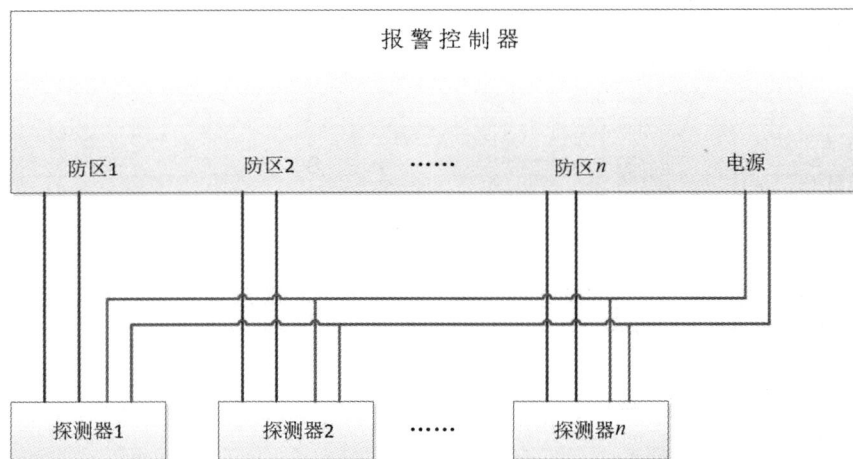

图10-1　分线制模式

分线制模式智能化入侵报警系统的控制器接线图和系统图如图10-2和图10-3所示。

（三）知识点3：总线制模式传输方式框图

总线制模式，前端探测设备、前端传输设备或区域控制设备与中心控制设备之间，采用传输线缆并以地址编码方式总线相连构成智能化入侵报警系统，如图10-4和图10-5所示。防区数量较多且报警控制设备与所有探测器之间的连线总长度不大于1500 m的场所，宜选用总线制模式。

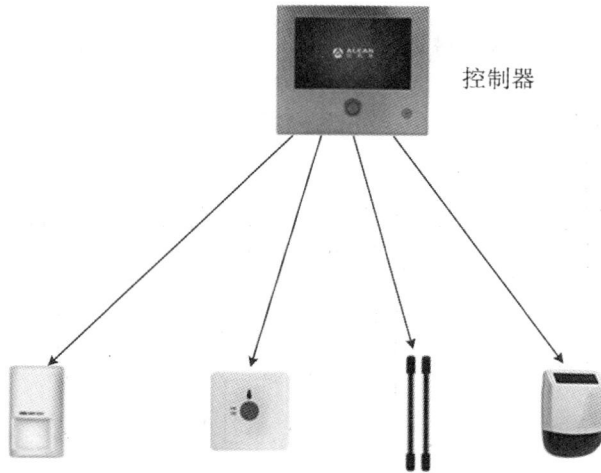

控制器

图 10-2　分线制模式智能化入侵报警系统控制器接线图

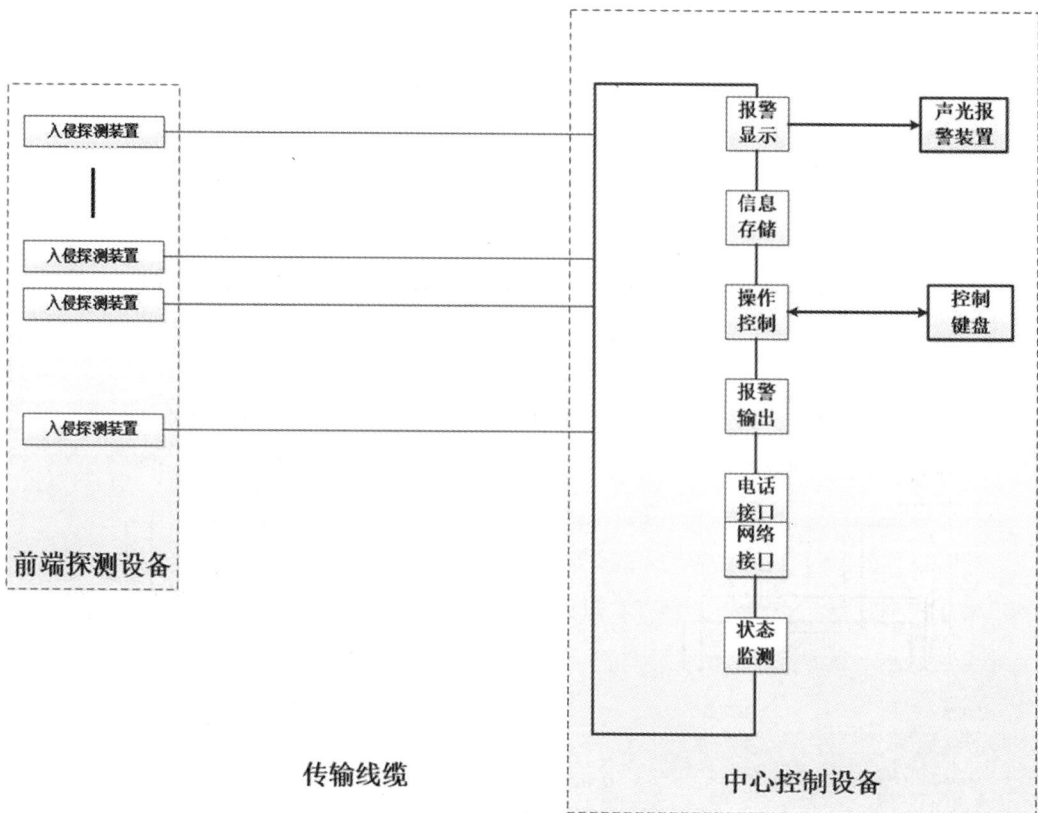

图 10-3　分线制模式智能化入侵报警系统图

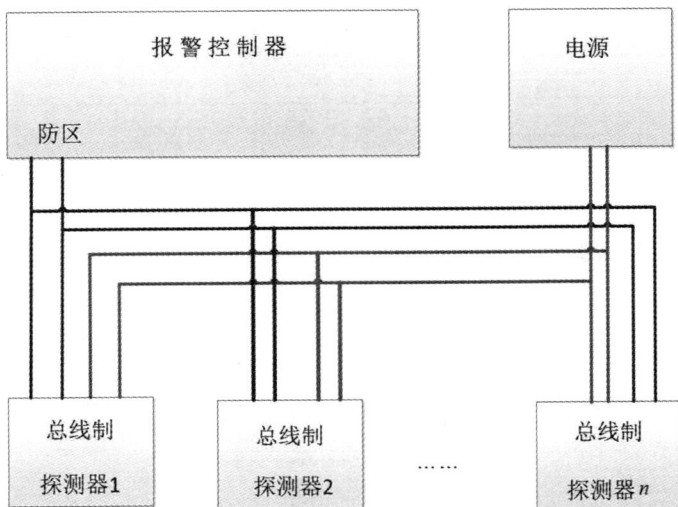

图 10-4　探测器与地址模块一体的总线制模式结构图

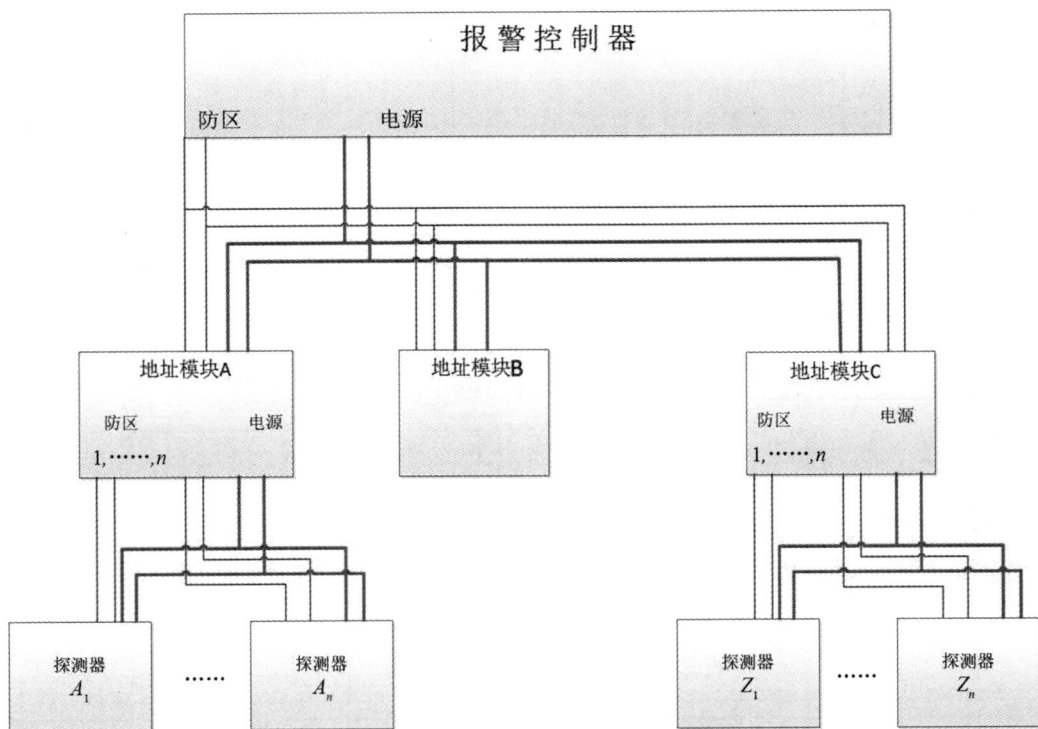

图 10-5　探测器与地址模块分体的总线制模式结构图

探测器与地址模块分体的总线制模式接线图如图 10-6 所示。

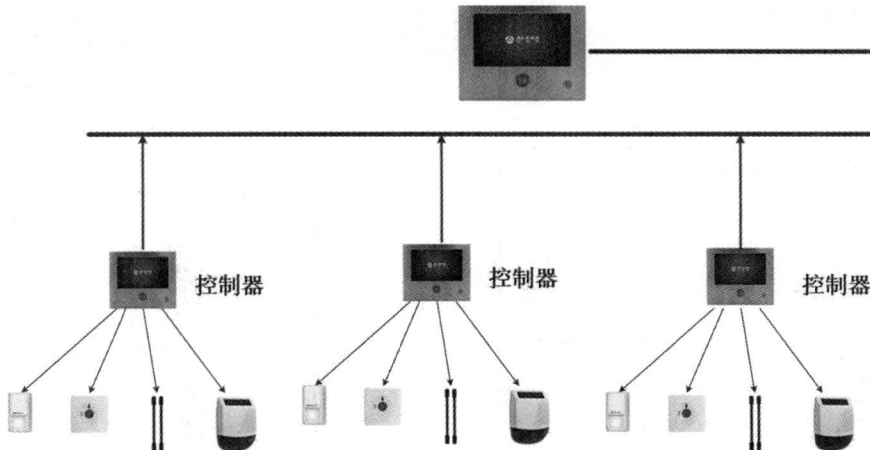

图 10-6 探测器与地址模块分体的总线制模式接线图

总线制模式智能化入侵报警系统图如图 10-7 和图 10-8 所示。

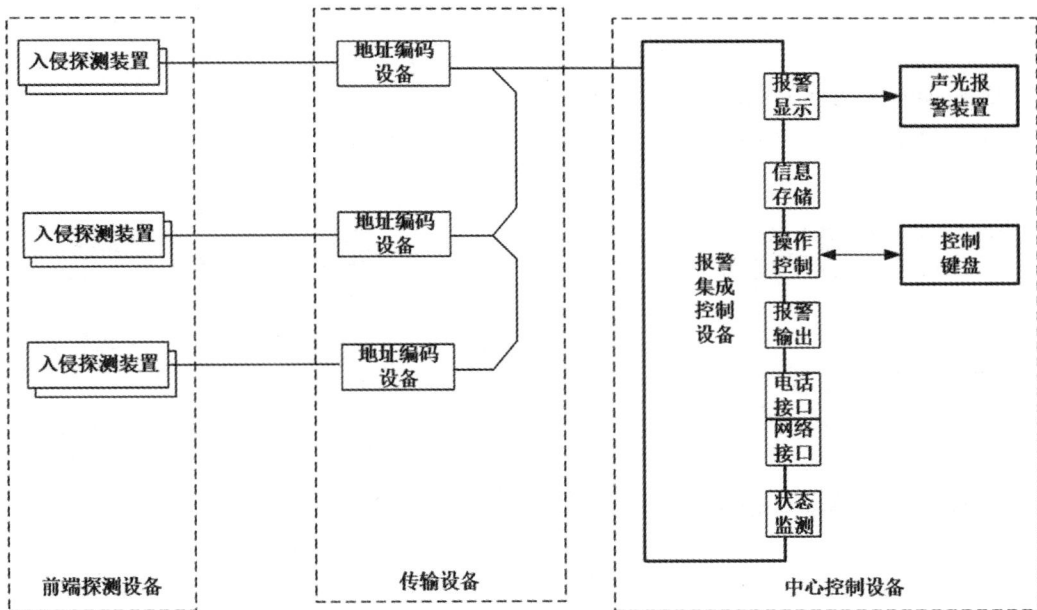

图 10-7 总线制模式智能化入侵报警系统图（1）

（四）知识点 4：公共网络模式传输方式框图

公共网络模式，前端探测设备、前端传输设备或区域控制设备与中心控制设备之间，采用传输线缆并以网络交换方式网线相连构成智能化入侵报警系统，如图 10-9 所示。防区数量很多且现场与监控中心距离大于 1500 m，或现场要求具有设防、撤防等分控功能的场所，宜选用公共网络模式。公共网络模式智能化入侵报警系统图如图 10-10 所示。

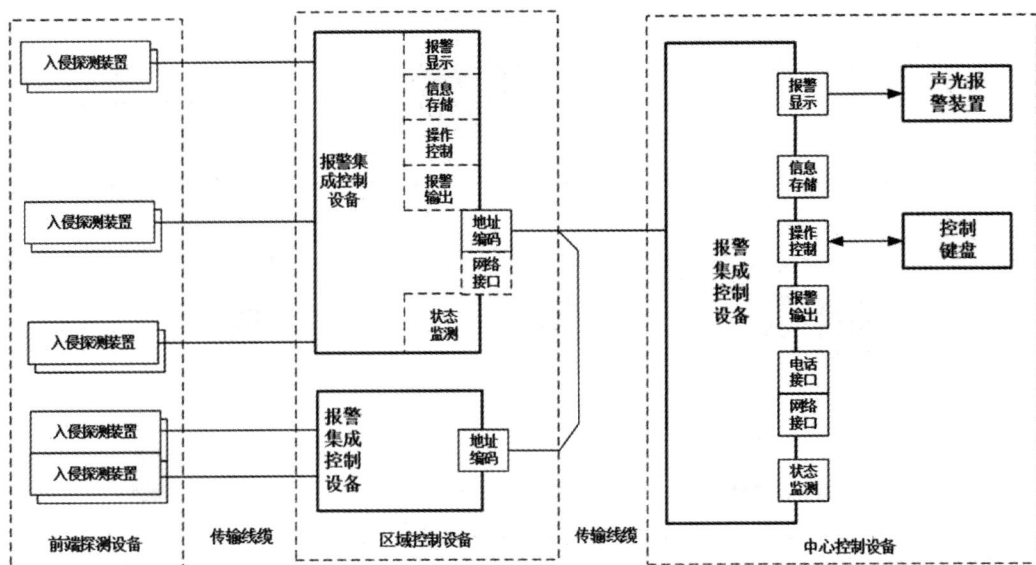

图 10-8　总线制模式智能化入侵报警系统图（2）

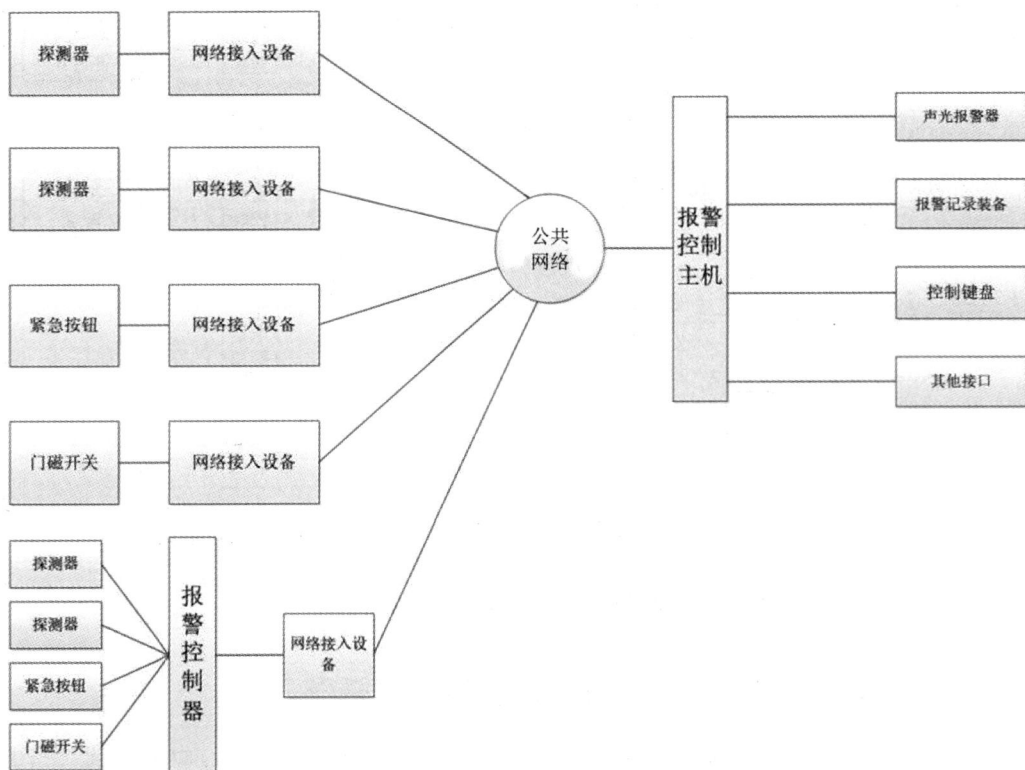

图 10-9　公共网络模式图

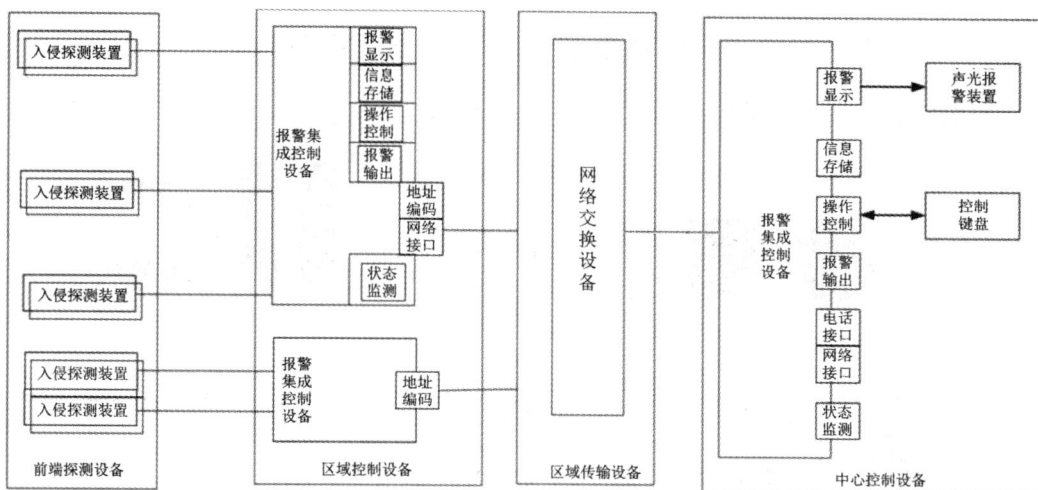

图 10-10 公共网络模式智能化入侵报警系统图

二、技能点

（一）技能点 1：绘制某小区报警子系统示意图

某小区报警子系统示意图如图 10-11 所示。

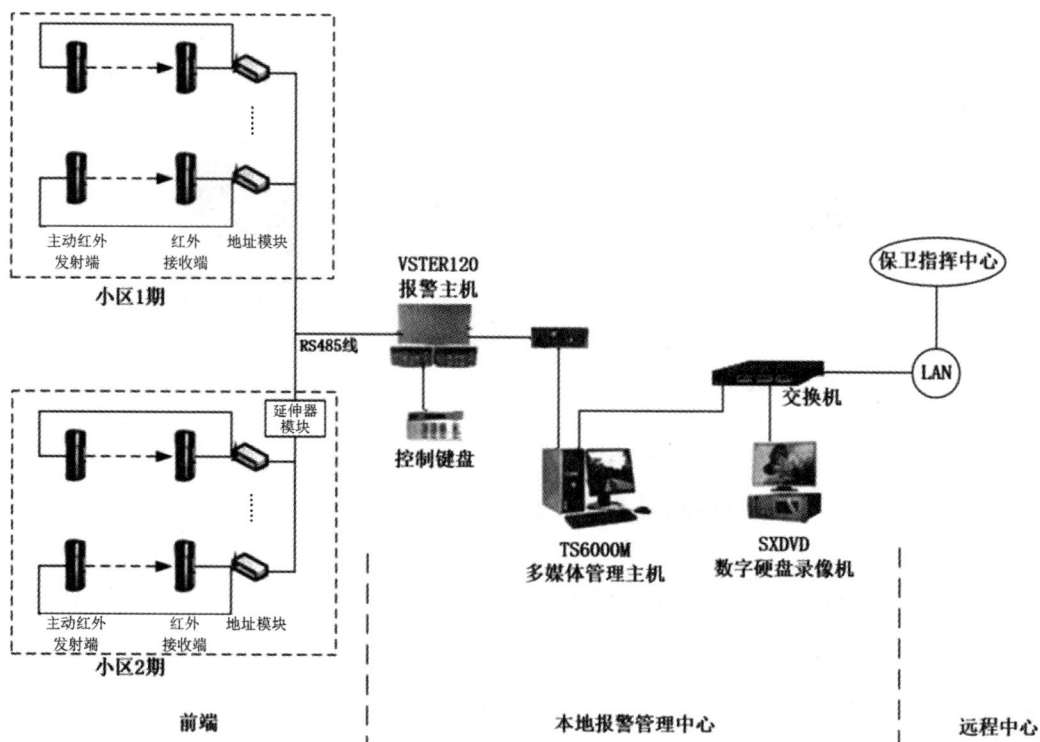

图 10-11 某小区报警子系统示意图

（二）技能点 2：绘制典型智能化入侵报警系统示意图

某智能化入侵报警系统示意图如图 10-12 所示。

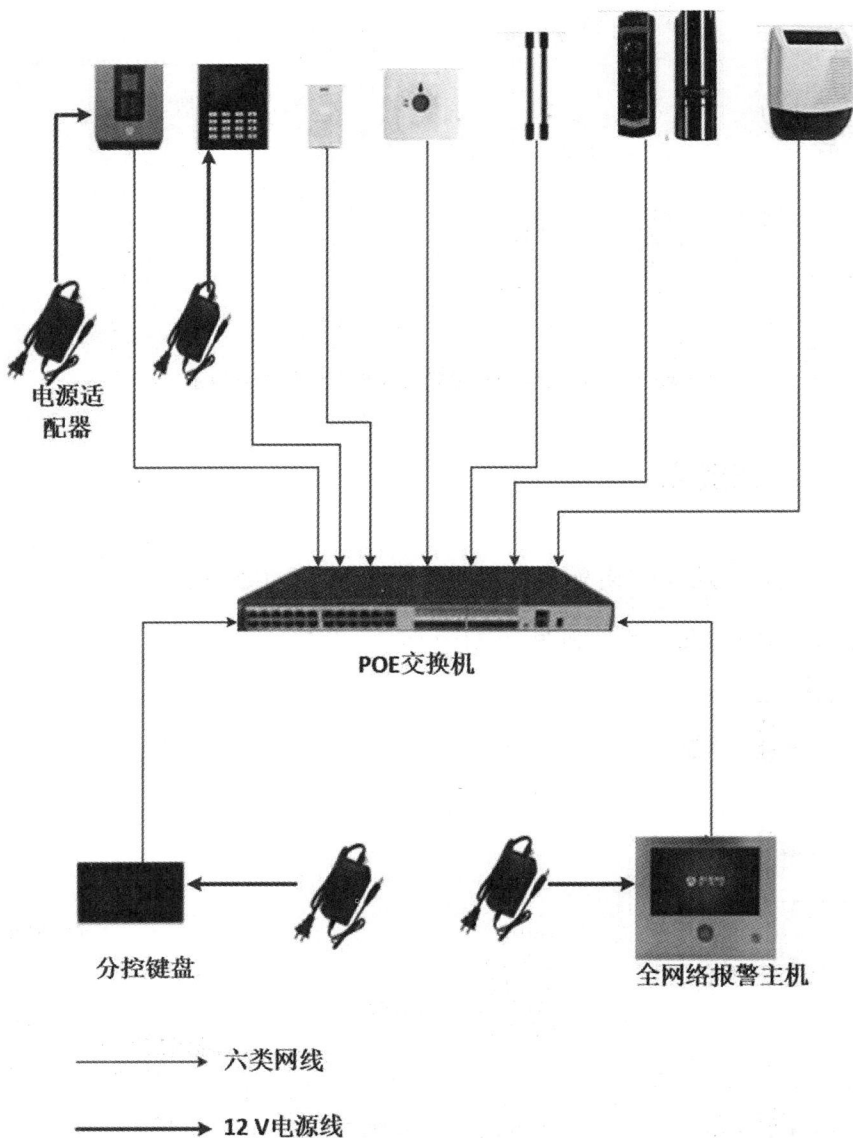

电源适配器

POE交换机

分控键盘

全网络报警主机

➡ 六类网线

➡ 12 V电源线

图 10-12 某智能化入侵报警系统示意图

（三）技能点 3：绘制某单位脉冲式电子围栏报警系统示意图

在某单位的室外围墙上安装 6 道电子围栏，单位围墙实际距离为 330 m，按每个防区围墙距离为 55 m，计算得出需要 6 个防区。某单位脉冲式电子围栏报警系统示意图如图 10-13 所示。

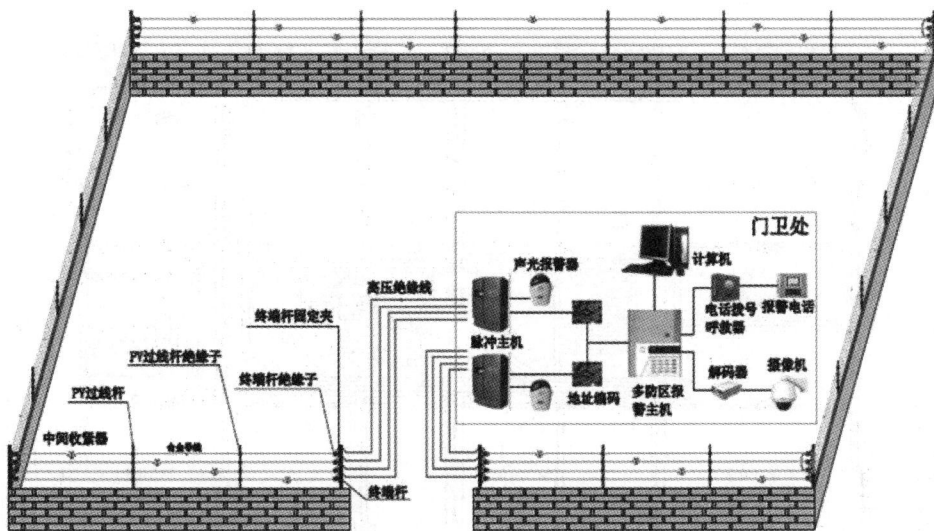

图 10-13 某单位脉冲式电子围栏报警系统示意图

（四）技能点 4：绘制某大厦智能化入侵报警系统示意图

某大厦是一座综合的办公楼，共 18 层，底层设餐厅、商店、大堂、总服务台、管理用房、监控机房；第 2 层设有网络控制室、财务办公室；第 2～18 层共设 121 间写字间。为了加强管理，确保大厦的安全，建设方提出要建设一个技术先进，具有报警、监控功能，对突发事件具备联动处理能力，具有有人值守和无人值守两种工作方式，且具备扩充能力、能适应不断发展需要的安防综合系统。该大厦底层和第 2 层的安防平面图如图 10-14 和图 10-15 所示。

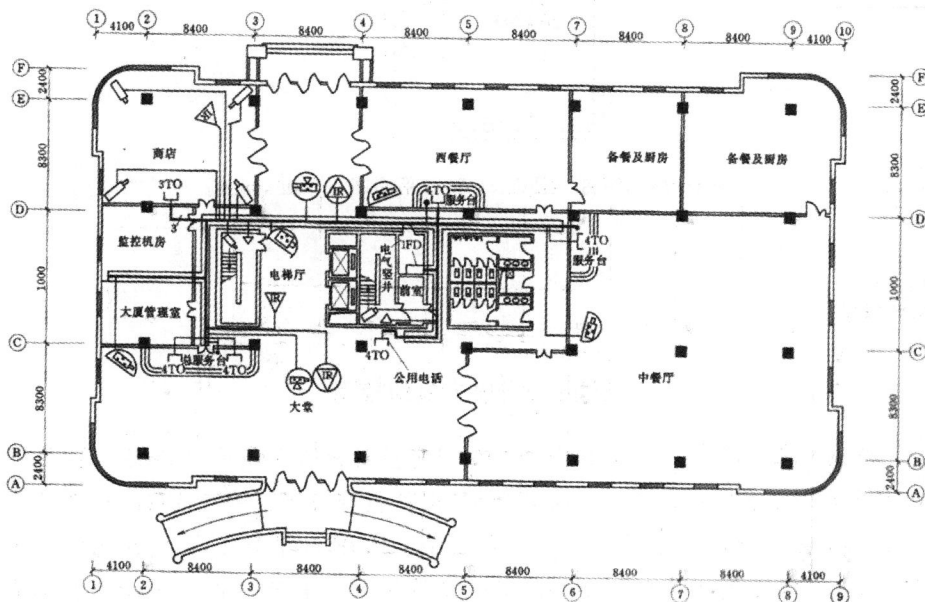

图 10-14 综合办公楼 1F 安防平面图（单位：mm）

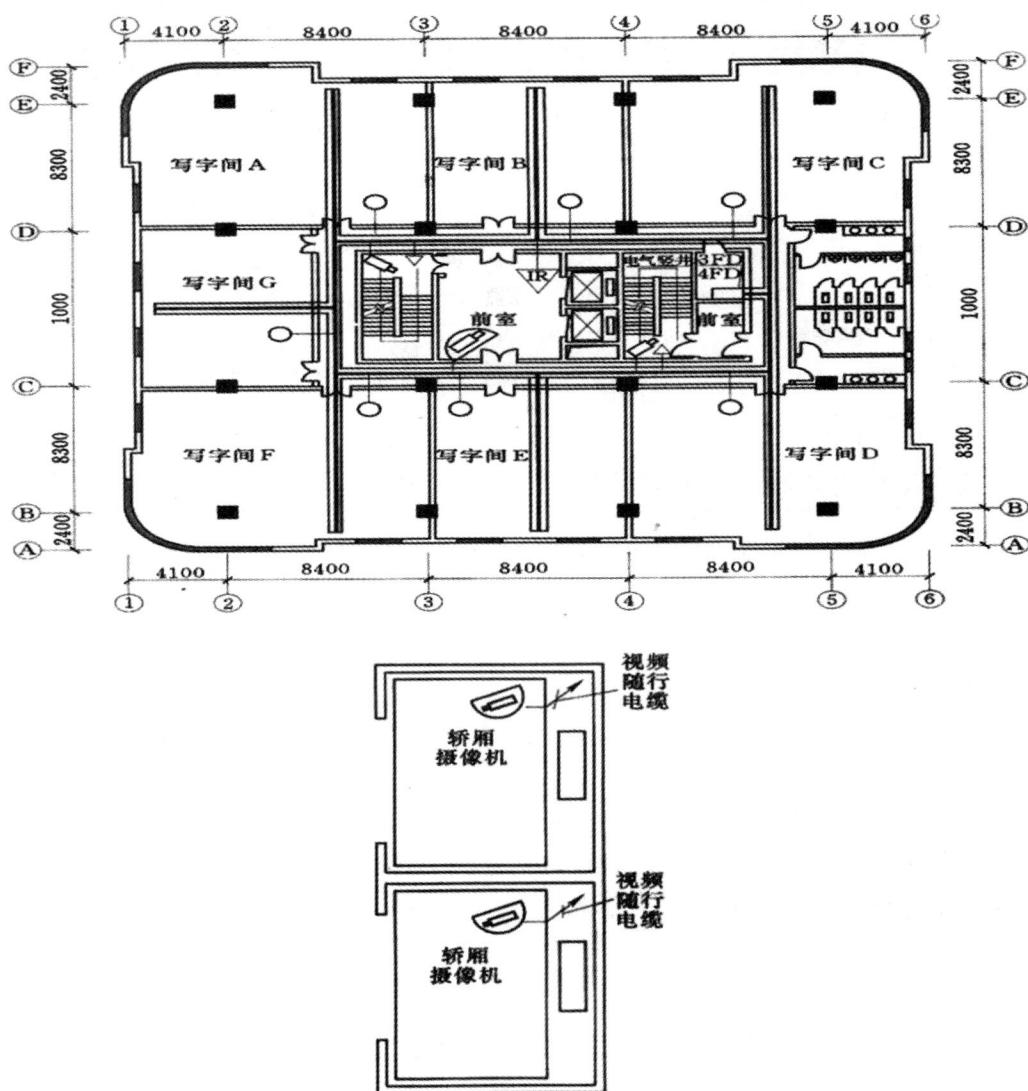

图 10-15　综合办公楼 2F 安防平面图（单位：mm）

知识拓展

全网络报警主机的应用

全网络报警主机是针对如今网络化报警趋势所开发的一款产品，主要应用于网络化的报警系统中，支持普通 IP 网络报警设备、全新 POE 网络报警设备（POE 网络电子围栏、POE 网络对射、POE 网络光栅、POE 网络按钮等）及 LoRa 无线智能报警设备，同时支持接入百度云，它是网络化报警系统的"神经中枢"。

全网络报警主机产品优势如下。

1. 全新操作系统,更稳定

主机采用嵌入式 Linux 操作系统,稳定性更好,可以长时间稳定地运行;采用图形化、可视化界面,实时显示接入设备状态。

2. 触摸屏操作,简单快捷

主机采用彩色触摸屏,摆脱了传统键盘操作,从而大大提高了系统的可操作性和安全性,使人机交互更为简单快捷,更贴合用户的实际应用需求。

3. 支持分组及定时功能,更灵活

主机支持防区分组及开关分组功能,可针对防区定时布防、定时撤防,开关分组可定时合上、定时断开等,操作灵活,应用面广。

4. 支持多种设备类型

主机支持普通报警设备、对射报警设备、光栅报警设备、门磁报警设备、电子围栏报警设备、温度报警设备、湿度报警设备等多种设备类型,还支持接入 300 个 IP 网络设备,支持接入 240 个 LoRa 设备。

综合来看,全网络报警主机支持接入网络报警设备;支持触摸屏操作,可自由对前端设备进行布撤防、一键配置搜索等,各类设置和操作简单明了,客户上手更快;300 个防区大容量接入可满足各类大中小型系统应用。基于全网络报警主机的系统设计图如图 10-16 所示。

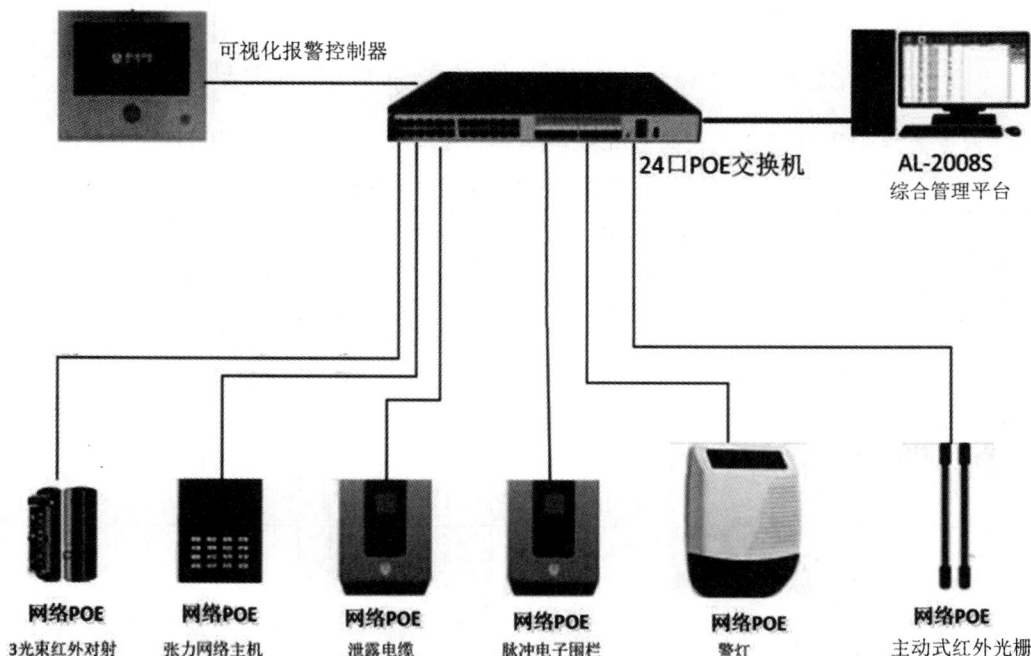

图 10-16 基于全网络报警主机的系统设计图

任务十一　智能化入侵报警系统设备清单及造价

教学目标

知识目标	能力目标	素养目标
理解清单表格所需的主要项目； 了解清单制作流程	能够进行智能化入侵报警系统的设备配置； 能够查找费用信息，制作招标控制报价文件	培养学生查找资料、收集信息的习惯； 培养学生科学、自主探究的学习精神

学习任务

能够进行智能化入侵报警系统的设备配置；查找费用信息，制作招标控制报价文件。

技能点

（一）技能点 1：制作智能化入侵报警系统设备清单表格

根据需求列出智能化入侵报警系统的具体设备、数量信息，如表 11-1 所示。

表 11-1　智能化入侵报警系统设备清单（1）

序号	定额编号	项目	定额表中全费用/元	主材价格/元	全费用综合单价/元	单位	数量	合计/元	备注
1		门磁、窗磁开关（有线）				套	1		
2		紧急手动开关（有线）				套	1		
3		主动红外探测器（对）				对	1		
4		被动红外探测器（有线）				套	1		

续表

序号	定额编号	项目	定额表中全费用/元	主材价格/元	全费用综合单价/元	单位	数量	合计/元	备注
5		红外幕帘探测器				套	1		
6		多技术复合探测器（吸顶）				套	1		
7		多技术复合探测器（壁装）				套	1		
8		微波探测器				套	1		
9		激光探测器（一收、一发）				套	1		
10		振动探测器				套	1		
11		电子围栏控制器				套	1		
12		电子围栏				延长米	30		
13		地址模块（≤2路）				套	1		
14		地址模块（≤8路）				套	1		
15		总线制报警控制器（≤32路）				套	1		
16		有线报警信号前端传输设备（不含线缆）（网络传输接口）				套	1		
17		双绞线线缆线槽内布放（≤4对）				m	100		
总计									

（二）技能点 2：查找智能化入侵报警系统定额编号及全费用

在《湖北省通用安装工程消耗量定额及全费用基价表》（2024）"第五册　建筑智能化工程"中进行定额编号及全费用查询，全费用由完成规定计量单位的定额项目所需的人工费、材料费、机械费、费用、增值税组成，将信息填写进清单表格中。

《湖北省通用安装工程消耗量定额及全费用基价表》（2024）相关定额编号及全费用信息（1）

将查询到的项目、定额编号、全费用、单位等信息，填写到表 11-2 所示的清单中。

表 11-2　智能化入侵报警系统设备清单（2）

序号	定额编号	项目	定额表中全费用/元	主材价格/元	全费用综合单价/元	单位	数量	合计/元	备注
1	C5-6-1	门磁、窗磁开关（有线）	32.63			套	1		
2	C5-6-5	紧急手动开关（有线）	32.63			套	1		
3	C5-6-7	主动红外探测器（对）	204.27			对	1		
4	C5-6-8	被动红外探测器（有线）	111.22			套	1		
5	C5-6-10	红外幕帘探测器	204.27			套	1		
6	C5-6-11	多技术复合探测器（吸顶）	204.27			套	1		
7	C5-6-12	多技术复合探测器（壁装）	243.82			套	1		
8	C5-6-14	微波探测器	137.75			套	1		
9	C5-6-17	激光探测器（一收、一发）	204.27			套	1		
10	C5-6-18	振动探测器	177.55			套	1		
11	C5-6-19	电子围栏控制器	336.86			套	1		
12	C5-6-22	电子围栏	75.35			延长米	30		
13	C5-6-39	地址模块（≤2 路）	59.90			套	1		
14	C5-6-41	地址模块（≤8 路）	116.78			套	1		
15	C5-6-35	总线制报警控制器（≤32 路）	2030.23			套	1		
16	C5-6-44	有线报警信号前端传输设备（不含线缆）（网络传输接口）	97.86			套	1		
17	C5-2-25	双绞线缆线槽内布放（≤4 对）	3.52			m	100		
总计									

（三）技能点 3：查找清单内主材价格信息

登录爱采购网站（https：//b2b. baidu. com/），在网站上查询所需设备的价格信息，网站上有很多设备厂家、价格可供选择，我们要根据厂家、功能需求、预算等一系列因素选择合适的设备，将查询到的价格信息填入清单表格中的主材价格项中，如表 11-3 所示。

表 11-3 智能化入侵报警系统设备清单（3）

序号	定额编号	项目	定额表中全费用/元	主材价格/元	全费用综合单价/元	单位	数量	合计/元	备注
1	C5-6-1	门磁、窗磁开关（有线）	32.63	150		套	1		
2	C5-6-5	紧急手动开关（有线）	32.63	252		套	1		
3	C5-6-7	主动红外探测器（对）	204.27	468		对	1		
4	C5-6-8	被动红外探测器（有线）	111.22	362		套	1		
5	C5-6-10	红外幕帘探测器	204.27	468		套	1		
6	C5-6-11	多技术复合探测器（吸顶）	204.27	468		套	1		
7	C5-6-12	多技术复合探测器（壁装）	243.82	781		套	1		
8	C5-6-14	微波探测器	137.75	362		套	1		
9	C5-6-17	激光探测器（一收、一发）	204.27	529		套	1		
10	C5-6-18	振动探测器	177.55	569		套	1		
11	C5-6-19	电子围栏控制器	336.86	1021		套	1		
12	C5-6-22	电子围栏	75.35	50		延长米	30		
13	C5-6-39	地址模块（≤2路）	59.90	302		套	1		
14	C5-6-41	地址模块（≤8路）	116.78	182		套	1		
15	C5-6-35	总线制报警控制器（≤32路）	2030.23	4000		套	1		

续表

序号	定额编号	项目	定额表中全费用/元	主材价格/元	全费用综合单价/元	单位	数量	合计/元	备注
16	C5-6-44	有线报警信号前端传输设备（不含线缆）（网络传输接口）	97.86	401		套	1		
17	C5-2-25	双绞线缆线槽内布放（≤4 对）	3.52	8		m	100		
总计									

（四）技能点 4：计算智能化入侵报警系统设备清单造价

清单中，全费用综合单价＝定额表中全费用＋主材价格，合计＝全费用综合单价×数量，完成清单造价表格，如表 11-4 所示。

表 11-4　智能化入侵报警系统设备清单（4）

序号	定额编号	项目	定额表中全费用/元	主材价格/元	全费用综合单价/元	单位	数量	合计/元	备注
1	C5-6-1	门磁、窗磁开关（有线）	32.63	150	182.63	套	1	182.63	
2	C5-6-5	紧急手动开关（有线）	32.63	252	284.63	套	1	284.63	
3	C5-6-7	主动红外探测器（对）	204.27	468	672.27	对	1	672.27	
4	C5-6-8	被动红外探测器（有线）	111.22	362	473.22	套	1	473.22	
5	C5-6-10	红外幕帘探测器	204.27	468	672.27	套	1	672.27	
6	C5-6-11	多技术复合探测器（吸顶）	204.27	468	672.27	套	1	672.27	
7	C5-6-12	多技术复合探测器（壁装）	243.82	781	1024.82	套	1	1024.82	
8	C5-6-14	微波探测器	137.75	362	499.75	套	1	499.75	
9	C5-6-17	激光探测器（一收、一发）	204.27	529	733.27	套	1	733.27	

续表

序号	定额编号	项目	定额表中全费用/元	主材价格/元	全费用综合单价/元	单位	数量	合计/元	备注
10	C5-6-18	振动探测器	177.55	569	746.55	套	1	746.55	
11	C5-6-19	电子围栏控制器	336.86	1021	1357.86	套	1	1357.86	
12	C5-6-22	电子围栏	75.35	50	125.35	延长米	30	3760.50	
13	C5-6-39	地址模块（≤2 路）	59.90	302	361.90	套	1	361.90	
14	C5-6-41	地址模块（≤8 路）	116.78	182	298.78	套	1	298.78	
15	C5-6-35	总线制报警控制器（≤32 路）	2030.23	4000	6030.23	套	1	6030.23	
16	C5-6-44	有线报警信号前端传输设备（不含线缆）（网络传输接口）	97.86	401	498.86	套	1	498.86	
17	C5-2-25	双绞线缆线槽内布放（≤4 对）	3.52	8	11.52	m	100	1152.00	
总计								19421.81	

任务十二　智能化入侵报警系统设计文档编制

教学目标

知识目标	能力目标	素养目标
识记智能化入侵报警系统设计文档编制要求	能够掌握编制智能化入侵报警系统设计文档的流程	培养学生科学、自主探究的学习精神

一、知识点

智能化入侵报警系统设计文档是一份详细的技术文件，它描述了设计、构建和安装一个智能化入侵报警系统的各个方面。这份文档的主要用途是确保系统所有的组成部分都按照预定的标准和规范进行设计和安装，从而提供一个可靠、高效且易于维护的智能化入侵报警系统。

编制智能化入侵报警系统设计文档有以下要求。

完整性：设计文档应涵盖所有必要的信息，以确保系统能够按照预期运行。这可能包括系统的硬件和软件配置、安装和集成指南、操作手册、测试计划等。

可读性：设计文档应易于阅读和理解，使用清晰的语言和图表来描述各个部分。此外，文档应该按照逻辑顺序组织，以便读者能够轻松地跟随每个步骤。

准确性：设计文档应准确地反映系统的实际情况，包括硬件和软件的型号、规格和配置等。任何错误或遗漏都可能导致系统无法正常运行或出现安全漏洞。

规范性：设计文档应符合相关的标准和规范，例如国家标准、行业标准或客户的要求。这有助于确保系统的可靠性、安全性和兼容性。

二、技能点

编制智能化入侵报警系统设计文档的流程如图 12-1 所示。

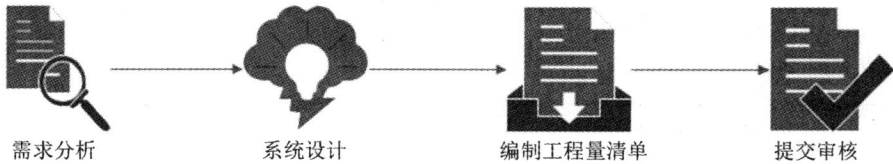

需求分析　　　　　系统设计　　　　编制工程量清单　　　提交审核

图 12-1　智能化入侵报警系统设计文档编制流程

对项目进行需求分析，包括系统的使用场景、功能要求、性能指标等；需求分析完成后，根据收集到的信息进行智能化入侵报警系统的设计，包括系统的软硬件设计、图纸（拓扑图、系统图、点位图、布线图等）设计，技术方案设计等；根据系统设计资料进行设备的选型、工程量清单统计、费用信息查找、工程量清单报价表制作；最后对设计文档进行审核，依次进行初步审查、详细审查、技术评审、安全评审、用户评审、修改和完善、最终审核。

智能化出入口控制系统设计

├─任务十三　智能化出入口控制系统项目导入

教学目标

知识目标	能力目标	素养目标
识记智能化出入口控制系统设计要求	能够分析智能化出入口控制系统的设计目标	培养学生良好的倾听能力，能有效地获得各种资讯； 培养学生严守法律法规、规范操作的意识

标准规范

　　本任务需要掌握的规范文件有《出入口控制系统工程设计规范》（GB 50396—2007）等。

案例导入

　　某小区要建设智能化出入口控制系统，根据客户需求、建设标准规范以及该小区出入口控制的现状进行升级改造，相关工作人员进行了现场踏勘，具体情况如下。

　　① 人员通行情况：人员出入无记录、身份核查难、双手携带物品出入通行困难。（见图 13-1）

　　② 车辆通行情况：通行智能化程度低、通行慢、收费乱。（见图 13-2）

　　针对以上情况进行出入口控制系统设计及设备的选型报价。

图 13-1　人员通行情况

图 13-2　车辆通行情况

一、知识点

智能化出入口控制系统按照《出入口控制系统工程设计规范》（GB 50396—2007）等相关标准规范进行设计。

《出入口控制系统工程设计规范》（GB 50396—2007）第 3.0.4 条内容如下。

3.0.4　出入口控制系统工程的设计，应符合下列要求：

1　根据防护对象的风险等级和防护级别、管理要求、环境条件和工程投资等因素，确定系统规模和构成；根据系统功能要求、出入目标数量、出入权限、出入时间段等因素来确定系统的设备选型与配置。

2　出入口控制系统的设置必须满足消防规定的紧急逃生时人员疏散的相关要求。

3　供电电源断电时系统闭锁装置的启闭状态应满足管理要求。

4　执行机构的有效开启时间应满足出入口流量及人员、物品的安全要求。

5　系统前端设备的选型与设置，应满足现场建筑环境条件和防破坏、防技术开启的要求。

6　当系统与考勤、计费及目标引导（车库）等一卡通联合设置时，必须保证出入口控制系统的安全性要求。

练习题

一、问答题

1. 确定系统的设备选型与配置的依据是什么？

2. 确定系统规模和构成的依据是什么？

答案：1. 根据系统功能要求、出入目标数量、出入权限、出入时间段等因素来确定系统的设备选型与配置。

2. 根据防护对象的风险等级和防护级别、管理要求、环境条件和工程投资等因素，确定系统规模和构成。

二、判断题

当系统与考勤、计费及目标引导（车库）等一卡通联合设置时，必须保证出入口控制系统的安全性要求。

答案： 正确

🔍 二、技能点

智能化出入口控制系统的设计指标如下。

① 通过率：系统（出入口控制）在单位时间内允许的最大通过量（如小区人员在早晚上下班时间进出频繁，设计时需考虑到此点）。通过率是通过式系统的基本技术指标，也是系统是否具有实用性的指标。

通过率与特征识别的速度、系统响应的速度及联动机构的控制时间有关。

实际工程检验时，可测量单次通过所需时间计算出系统的通过率，也可对实际系统运行进行统计来得出通过率。

② 系统容量：系统可连接和控制前端设备的能力。系统容量主要体现在出入口控制系统可控制门的数量和可授权的特征载体的数量。系统容量与系统的可扩展性有关。

③ 响应方式：主要指智能化出入口控制系统对非法请求的响应。根据系统的防护要求，通常有以下三种响应方式。

拒绝：拒绝非法请求，但不采取任何措施。一般安全要求的系统多采用这种响应方式。这种响应方式把非法请求视为由于操作不当引起的，准许再次操作。

报警：系统对非法请求做出反应，发出报警信号并记录相关的信息。

启动联动装置：高安全要求的系统在对非法请求发出报警信号的同时，对非法请求进行识别，启动联动装置，加固系统的抗冲击性和争取制服入侵者。

不同的响应方式导致不同的系统设计，如是单体的还是联网的，是独立的还是与其他系统集成的。

知识拓展

智能化出入口控制系统的应用发展

在物联网、大数据、云计算的飞速发展下，人们对智能化产品的需求日益增加，智能家居、智慧安防、智慧建筑、智慧城市等智能化领域也随之发生变化，社会各个层面正朝数字化、网络化方向推进。其中，智慧安防下重要的子系统——智能化出入口控制系统，在移动互联网的融合应用下，其模式也发生了显著的变化，主要体现在人行、车行控制管理方面。

在人行控制方面，门禁从机械防盗锁过渡到了生物识别技术门禁系统，以及基于移动互联网平台的智能门禁系统阶段；在车行控制方面，也经历了从车辆出入口安全防范管理到智慧停车管理。

（一）人行控制方面智能化出入口控制系统发展历程

人行控制智能化出入口控制系统的应用主要体现在楼宇对讲和门禁两方面。

1. 楼宇对讲

1）第一代楼宇对讲——单一对讲

早期的楼宇对讲产品功能单一，只有单元对讲功能，这种分散控制的系统，互不兼容，不利于小区的统一管理。当时，市场容量较小，对讲产品在广东地区有个别厂家生产，用户集中在广东。

2）第二代楼宇对讲——单一可视对讲（总线型）

随着人们需求的逐步提升，单一功能的楼宇对讲产品已经不能满足大众。1998年以后，组网成为智能化建筑基本的要求，因此，小区的控制网络广泛地采用基于单片机技术的现场总线技术，把小区内各种分散的系统互联组网、统一管理、协调运行，从而构成一个相对较大的区域系统。楼宇对讲产品进入第二个高速发展期，大型社区联网及综合性智能楼宇对讲设备开始涌现。2000年以后，各省会城市楼宇对讲产品的需求量迅速增加，相应生产厂家也快速增加，形成了珠三角地区与长三角地区两个主要厂家集群地。

3）第三代楼宇对讲——多功能可视对讲（局域网型）

随着Internet的应用普及和计算机技术的迅猛发展，数字化、智能化小区的概念已经被越来越多的人所接受，楼宇对讲产品进入第三个高速发展期，多功能对讲设备开始涌现。用网络传输数据，模糊了距离的概念，可持续扩展，将安防系统集成到设备中，提高了设备实用性。

4）第四代楼宇对讲——智能化可视对讲（互联网型）

从市场表现来看，全数字楼宇对讲产品技术逐渐成熟。相比于传统楼宇对讲通话、开锁等简单功能，智能化楼宇对讲不但传输距离不受地域限制，实现家电控制、社区服务等多种功能集成，而且安装调试方便，有利于缩短工程周期，节省开支。

在传统产品的基础之上，智能化楼宇对讲产品与第三方支付、智慧城市、视频监控、社区O2O电商等综合生活服务平台和社区运营平台对接。越来越多的楼宇对讲产品厂商开始深入智能家居及智慧社区领域，将楼宇对讲系统与智能家居、智慧社区相结合，为用户带来更智能、更便捷的生活已然成为行业发展的趋势。

2. 门禁

第一代机械门禁：机械门锁是单纯的机械装置，无论结构设计多么合理，材料多么坚固，人们总能通过各种手段把它打开。此外，在出入频繁的场所（如办公室、酒店客房），钥匙的管理很麻烦，钥匙丢失或相关人员更换都需要把锁和钥匙一起更换。

第二代密码门禁：单一的密码门禁系统，优点是实现简单，缺点是密码容易泄露，安全风险大。

第三代卡片门禁：包括接触式卡和 RFID 非接触式卡，优点是虚拟身份凭证易于控制管理，缺点是类似于钥匙，要随身携带。

第四代生物识别门禁：生物识别系统包括指纹机、掌纹机、视网膜识别机和声音识别机以及人脸识别装置等。生物特征识别技术具有不易遗忘、防伪性能好、不易被盗等优点，在身份的鉴别上更安全、方便、严密。但是，生物识别门禁的缺点在于造价昂贵，同时物理属性会根据环境而变化，因此随着不断地应用，生物识别的弊端逐渐显露。

第五代智能无线门禁：为了弥补有线门禁的布线复杂、维修艰难、物理属性易变，且安全系数低等缺陷，无线门禁产品顺应而生，从诞生到现在，经过技术的不断演化已经出现了 FSK、GPRS、蓝牙传输等传输方式的产品。目前市场上应用广泛的是利用 WiFi 和 GPRS 进行传输，WiFi 初期应用于考勤机和消费机，后来随着技术的发展，延伸至门禁行业。而 GPRS 初期也并非应用于门禁领域，而是用于港口、码头、仓库等特殊场所。但随着无线传输技术的不断更新换代，利用 WiFi 和 GPRS 传输的方式逐渐发展。

随着 NFC 等近距离无线通信技术的研发，虚拟身份凭证可以安全地进行配置并可靠地嵌入智能手机与其他移动设备中，虚拟身份凭证门禁系统在传播信号的稳定性上占据一定优势，速度比较理想，设备组网比较方便，因此逐步得到市场的认可和应用。各门禁系统在安全性、方便性、易管理性等方面都各有特长，门禁系统的应用领域也越来越广，同时，随着物联网技术的兴起，物联网门禁产品逐渐占据市场主流地位，门禁产品迎来了全新的发展时代。

（二）车行控制方面智能化出入口控制系统发展历程

1. 人工管理阶段

在 2000 年以前，国内汽车保有量相对较少，城市未出现停车难现象，加上当时科技不发达，出入口基本采用人工管理，安排人员进行停车收费，停车时间靠填单记录，整个停车行业管理水平低下。

2. 智能化阶段

随着我国车辆的大幅度增长，人工收费已不适应社会需求。我国停车场管理系统的身份识别经历了从简单的磁卡、接触式 IC 卡，到智能卡、电子标签、车牌自动识别等多种方式，从过去单一身份识别方式到多种识别方式组合，如智能卡和车牌自动识别相结合，逐步提高了停车场的管理水平和安全性。

3. 互联网云停车阶段

近些年，国内汽车数量快速增长，至 2015 年底，汽车保有量已达 1.72 亿辆。城市停车问题凸显，互联网技术、物联网技术、计算机技术等的快速发展，给停车行业带来了许多的机会，出入口控制智能化水平不断提高。车位引导系统逐步由无线超声波技术向视频识别技术发展；停车收费方式由传统的现金支付逐步向银联支付、PDA 支付、微信支付等支付方式发展。

在出入口控制技术上，我国由于起步较晚，整体技术水平与发达国家仍有差距。随着科技的进步、互联网的高速发展、市场化进程的加快，我国出入口控制行业智能化水平不断提高。

任务十四　智能化出入口控制系统设计方案总体要求

教学目标

知识目标	能力目标	素养目标
识记智能化出入口控制系统设计的一般规定； 识记智能化出入口系统设计方案总体要求	能够划分智能化出入口控制系统类型	培养学生良好的倾听能力，能有效地获得各种资讯； 培养学生严守法律法规、规范操作的意识

标准规范

本任务需要掌握的标准规范有《出入口控制系统工程设计规范》（GB 50396—2007）等。

一、知识点

（一）知识点 1：智能化出入口控制系统设计的一般规定

智能化出入口控制系统的设计，应符合国家有关法律法规、标准规范的要求；智能化出入口控制系统的设计，应满足安全、可靠、易用、美观等要求；智能化出入口控制系统的设计，应考虑使用环境的特点，如气候、地理、人员流动等因素的影响；智能化出入口控制系统的设计，应考虑系统的可扩展性和兼容性。

除以上要求外，实际做设计时还需考虑以下内容。

根据系统功能要求、出入权限、出入时间段、通行流量等因素，确定系统设备配置；重要通道、重要部位宜设置出入口控制装置；系统应具有对强行开门、长时间不关门、通信中断、设备故障等非正常情况的实时报警功能；系统从识读至执行机构动作的响应时间不应大于2 s；现场事件信息传送至出入口管理主机的响应时间不应大于5 s。

（二）知识点2：智能化出入口控制系统设计方案总体要求

1. 确定系统目标和适用范围

明确系统的功能、性能、可靠性、安全性等要求，以及系统的适用范围和用户群体。

2. 接口设计

设备接口：出入口系统需要与各种硬件设备进行连接，如门禁控制器、读卡器、摄像机、红外传感器等。在接口设计时，需要考虑设备的通信协议、数据格式和传输速率等因素，以确保设备之间的顺畅对接。

数据接口：出入口系统需要处理大量的数据，如人员信息、进出记录、报警事件等。在接口设计时，需要考虑数据的存储结构、查询方法和统计分析等因素，以确保数据的完整性、准确性和可追溯性。

3. 系统安全设计

设计系统时，要确保系统的数据安全、访问控制、加密等方面的要求得到满足。同时，考虑系统的应急处理和恢复能力。

二、技能点

（一）技能点1：按硬件构成模式划分智能化出入口控制系统

1. 一体型

智能化出入口控制系统的各个组成部分通过内部连接、组合或集成在一起，实现出入口控制的所有功能，如图14-1所示。

2. 分体型

出入口控制系统的各个组成部分，在结构上有分开的部分，也有通过不同方式组合的部分。分开部分与组合部分之间通过电子、机电等手段连成一个系统，实现出入口控制的所有功能，如图14-2所示。

分体型智能化出入口控制系统图如图14-3所示。

图 14-1 一体型结构组成图

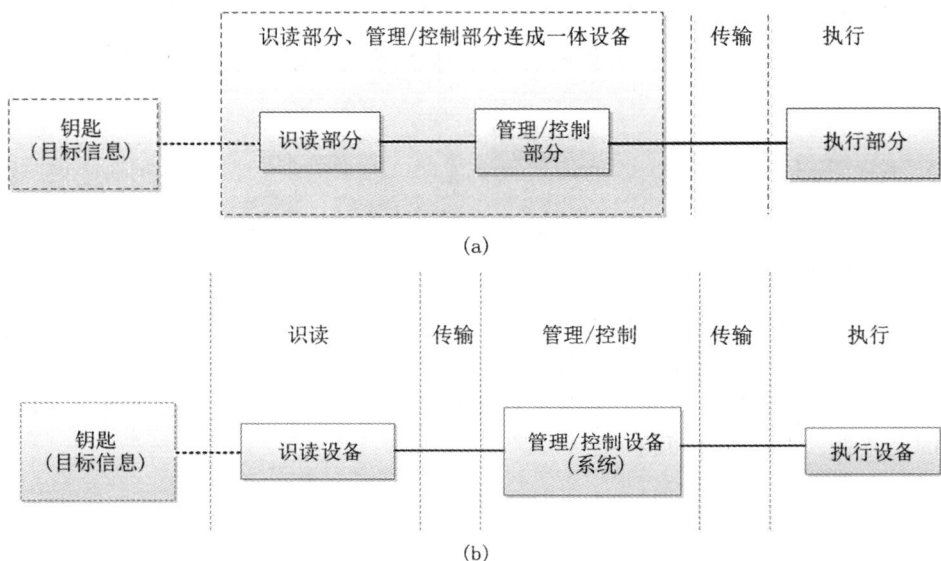

(a)

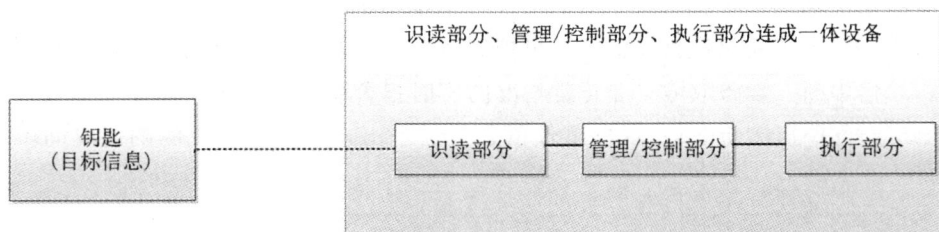

(b)

图 14-2 分体型结构组成图

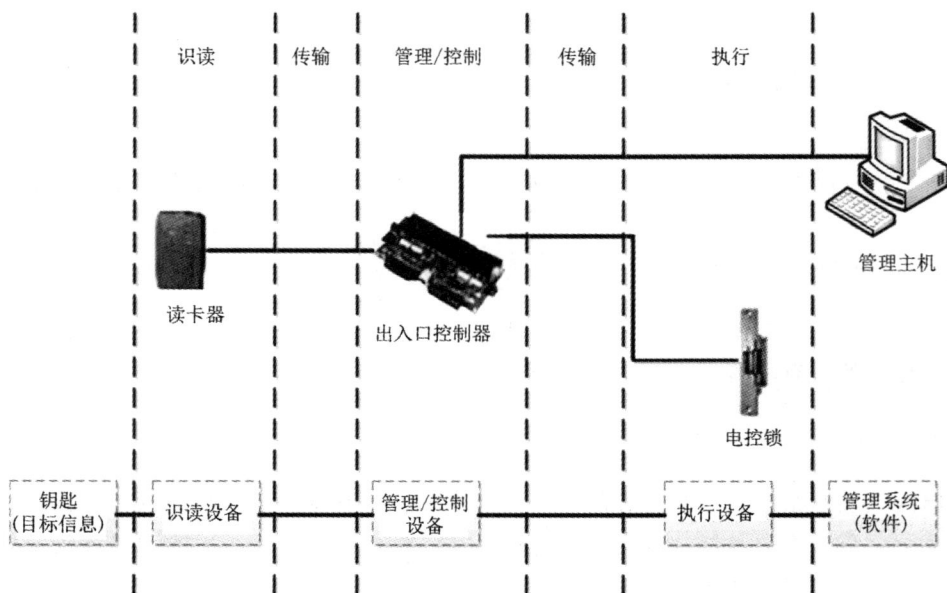

图 14-3 分体型智能化出入口控制系统图

（二）技能点 2：按管理／控制方式划分智能化出入口控制系统

1. 独立控制型

独立控制型智能化出入口控制系统，其管理/控制部分的全部显示、编程、控制等功能均在一个设备（出入口控制器）内完成，如图 14-4 所示。

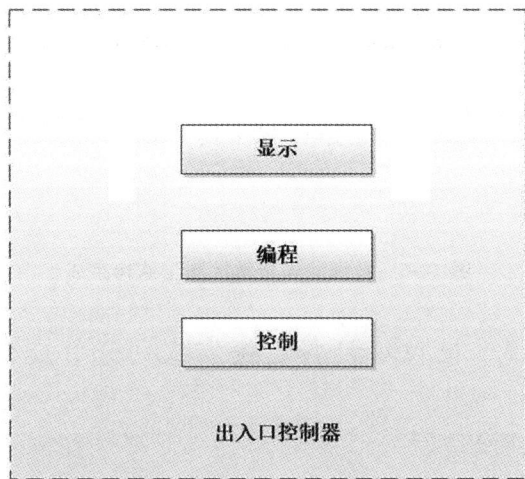

图 14-4 独立控制型结构组成

2. 联网控制型

联网控制型智能化出入口控制系统，其管理/控制部分的显示、编程、控制等功能不都在一个设备（出入口控制器）内完成。其中，显示、编程功能由另外的设备完成。设备之间的数据传输通过有线和/或无线数据通道及网络设备实现，如图 14-5 所示。

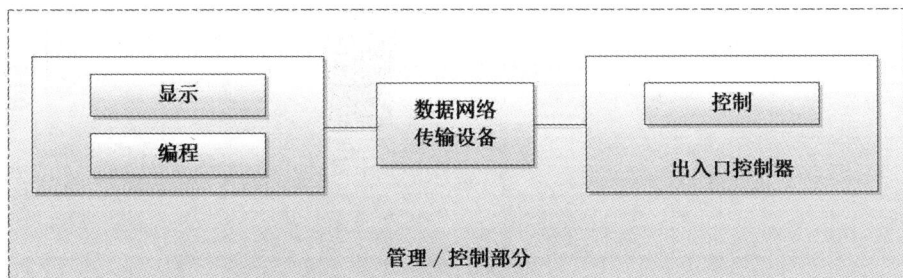

图 14-5 联网控制型结构组成

3. 数据载体传输控制型

数据载体传输控制型智能化出入口控制系统与联网控制型智能化出入口控制系统区别仅在于数据传输的方式不同，其管理/控制部分的显示、编程、控制等功能不都在一个设备（出入口控制器）内完成。其中，显示、编程功能由另外的设备完成。设备之间的数据传输通过对可移动、可读写的数据载体的输入、导出操作完成，如图 14-6 所示。

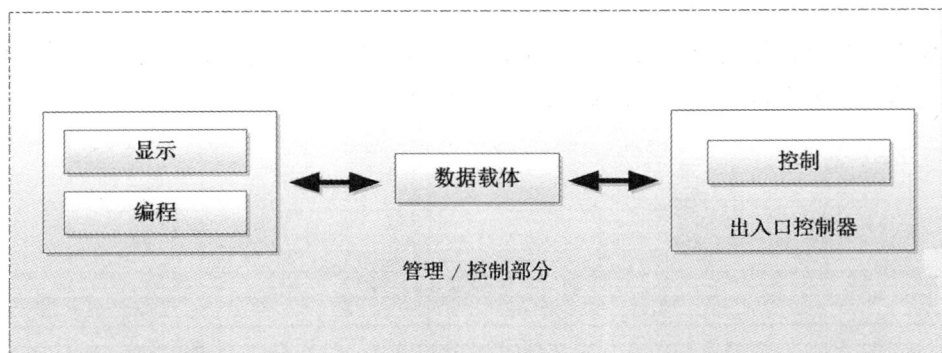

图 14-6　数据载体传输控制型结构组成

（三）技能点 3：按现场设备连接方式划分智能化出入口控制系统

1. 单出入口控制设备型

单出入口控制设备型，是由仅能对单个出入口实施控制的单个出入口控制器所构成的控制设备类型，如图 14-7 所示。

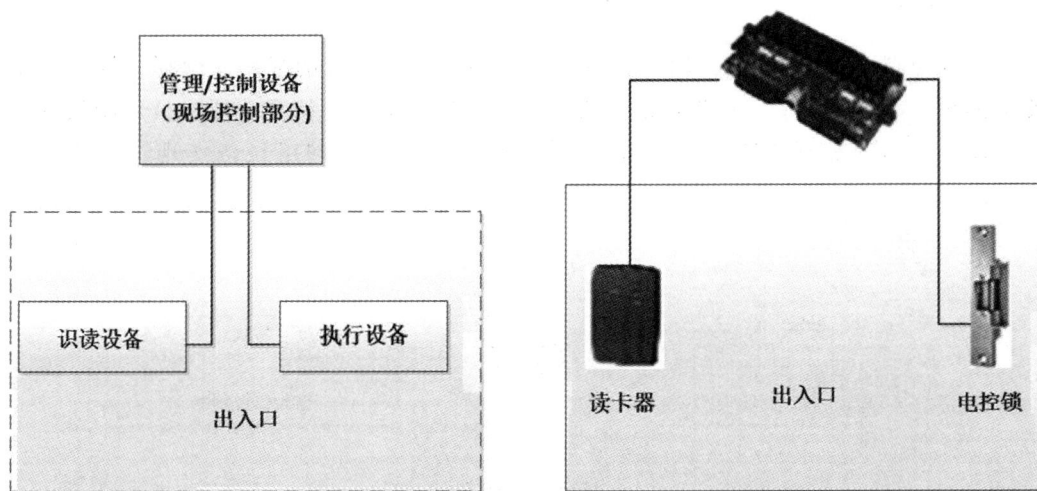

图 14-7　单出入口控制设备型结构组成

2. 多出入口控制设备型

多出入口控制设备型，是由能同时对两个以上出入口实施控制的单个出入口控制器所构成的控制设备类型，如图 14-8 所示。

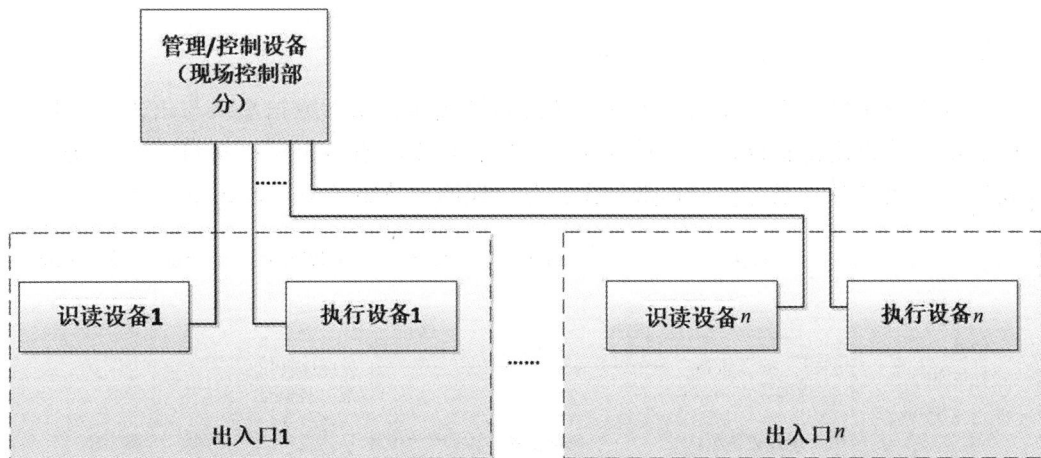

图 14-8 多出入口控制设备型结构组成

（四）技能点 4：按联网模式划分智能化出入口控制系统

1. 总线制

总线制智能化出入口控制系统的现场控制设备通过联网数据总线与出入口管理中心的显示、编程设备相连，每条总线在出入口管理中心只有一个网络接口，如图 14-9 所示。

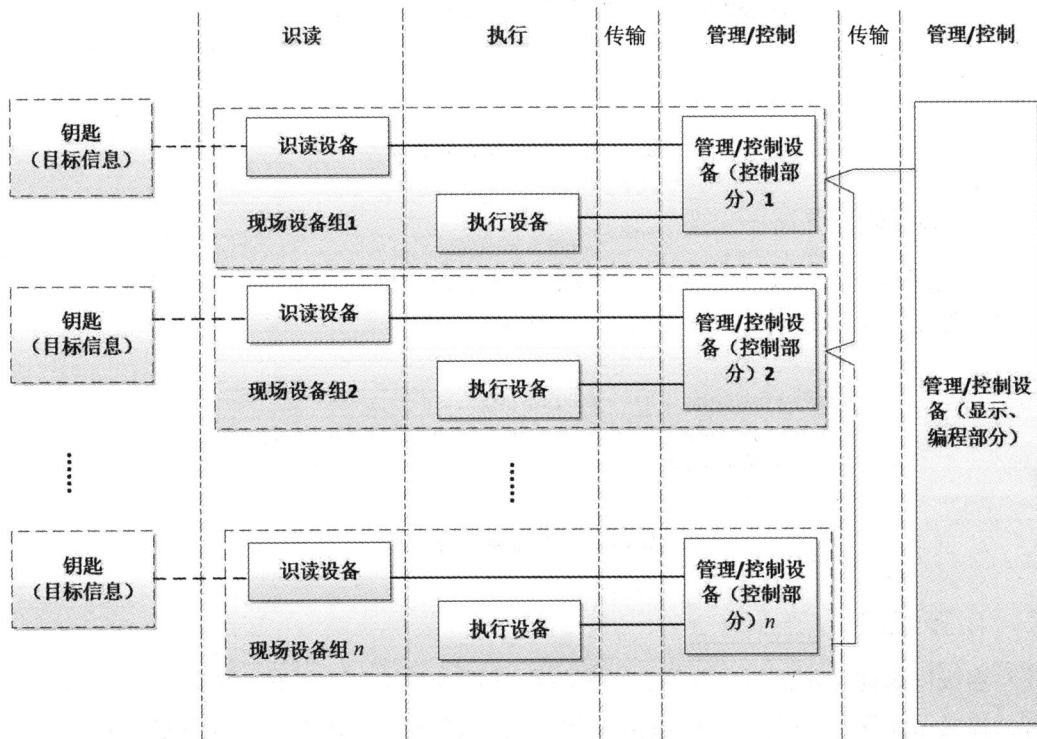

图 14-9 总线制系统组成

2. 环线制

环线制智能化出入口控制系统的现场控制设备通过联网数据总线与出入口管理中心的显示、编程设备相连，每条总线在出入口管理中心有两个网络接口，当总线有一处发生断线故障时，系统仍能正常工作，并可探测到故障的地点，如图 14-10 所示。

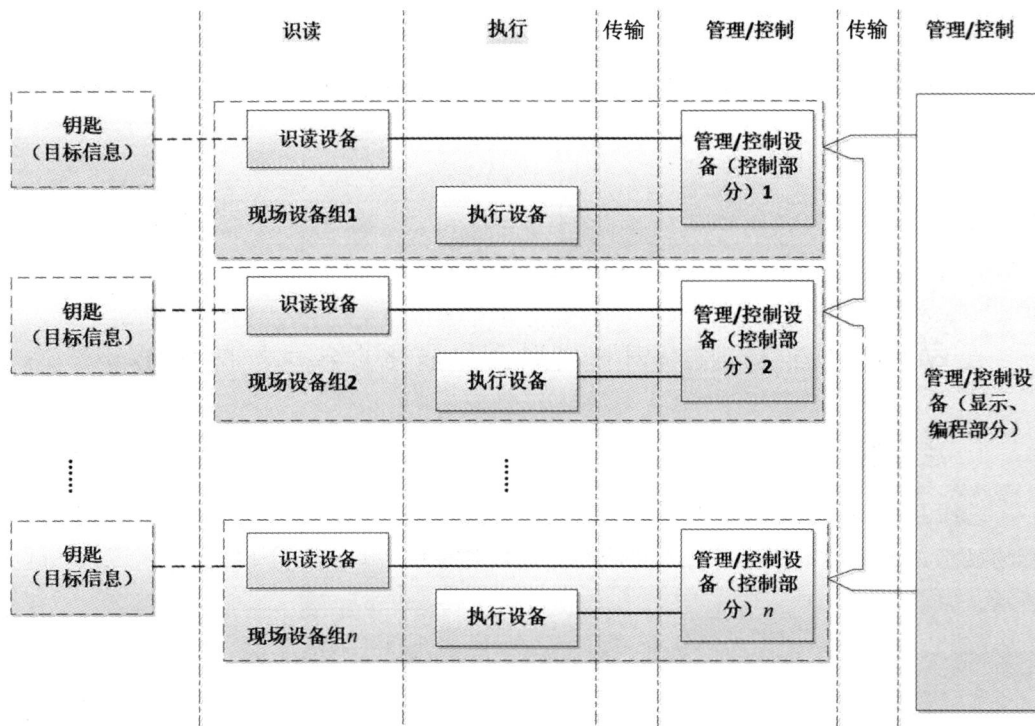

图 14-10　环线制系统组成

3. 单级网

单级网智能化出入口控制系统的现场控制设备与出入口管理中心的显示、编程设备的连接采用单一联网结构，如图 14-11 所示。

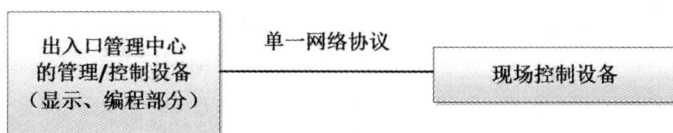

图 14-11　单级网系统组成

4. 多级网

多级网智能化出入口控制系统的现场控制设备与出入口管理中心的显示、编程设备的连接采用两级以上串联的联网结构，且相邻两级网络采用不同的网络协议，如图 14-12 所示。

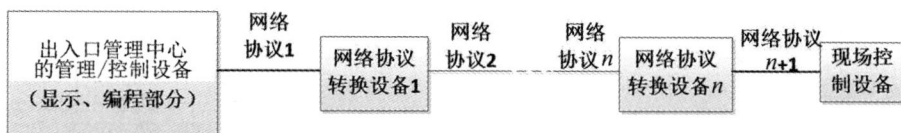

图 14-12　多级网系统组成

知识拓展

《出入口控制系统技术要求》（GB/T 37078—2018）的解读（上）

国家标准《出入口控制系统技术要求》（GB/T 37078—2018）2018 年发布以来，备受业内关注。本次解读主要包括出入口控制系统在安全防范系统中的定位、标准编制背景及与其他相关标准的关系、标准主要内容要素、展望与总结等方面。

1. 出入口控制系统定义及标准适用范围

"出入口控制系统"在本标准中的定义为利用自定义编码信息识别和/或模式特征信息识别技术，通过控制出入口控制点执行装置的启闭，达到对目标在出入口的出入行为实施放行、拒绝、记录和警示等操作的电子系统（俗称门禁系统）。它主要由对通行目标的识读部分、出入权限配置管理与判别的管理/控制部分、在出入口承担关闭/开启（或闭锁/解锁，或禁止通行指示/允许通行指示）等功能的控制点执行装置（部分）这 3 大部分组成。出入口控制系统的典型结构图如图 14-13 所示。

安全防范系统的技术处理过程通常是探测（获取/采集/感知）、处理（分析/判别）、响应（动作/处置）。在各类安防子系统中，出入口控制系统是最早使用个性化目标探测的子系统之一。对数字化、结构化目标的流动管控是出入口控制系统的基本功能。广义的出入口控制系统是对人员流动、物品流动、资金流动、信息流动的管理，传统的"机械锁＋钥匙"也具有部分出入口控制系统的功能。

本标准所指的出入口控制系统不是广义的系统，而是有限定范围的系统，它有如下特征：① 它是防范社会风险的系统，不是防范自然风险或其他应用类别的系统；② 它是电子系统，并具备 4 个基本功能要素——放行、拒绝、记录、警示（报警）；③ 它仅是对人或物两类目标在物理受控区出入口流动的管控。可以看出，"机械锁＋钥匙"以及其他类别的出入口控制系统不是本标准的要求范围。

本标准"范围"里规定：本标准适用于以安全防范为目的，对指定目标进行授权、识别和控制的，单独的出入口控制系统；也适用于其他电子系统中所包含的出入口控制系统。本标准可作为设计、检测和验收出入口控制系统的基本依据。

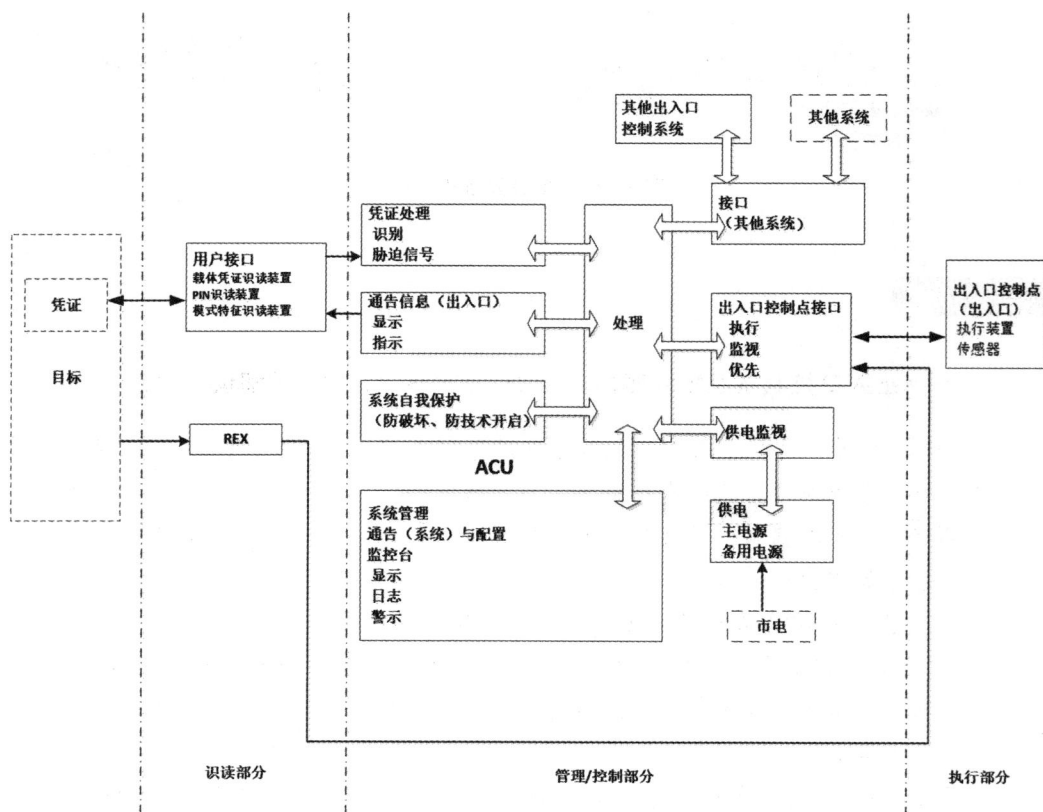

图 14-13 出入口控制系统（ACS）典型结构图

2. 出入口控制系统的两大功能属性、应用子类及主要应用场景（细分市场）

个性化目标探测、对目标流动管控等技术的发展，不仅提升了出入口控制系统的产品力，还推动了视频监控、入侵报警等其他安防子系统技术不断向前演进，同时为许多其他领域提供了更为便捷、智慧、综合的管理能力。这是由出入口控制系统功能的安全和管理两大属性决定的。

为便于各应用场景的使用，方便行业用户的日常管理、数据统计等工作，出入口控制系统的应用市场可以有多种划分方式。本文仅从安防标准体系中出入口控制系统大类下的应用子类的技术功能和应用场景两个维度，对出入口中控制系统应用市场进行了粗略划分，如图 14-14 所示。

当前，安全防范各子系统间的技术趋于融合，人们看到的摄像头，它可能是视频监控系统的前端设备（如视频图像采集），也可能是出入口控制系统的前端设备（如人脸识别门禁），还可能是入侵报警系统的前端设备（如电子围栏）。技术融合的另一方面，是在产品层面上集成其他非安防的管理与应用功能，满足用户的应用场景需要。但需特别注意的是，在其他技术带来便捷与智能的同时，可能也带来新的隐患。

出入口控制系统各应用子类采用的技术功能及主要应用场景（细分市场）				
采用的技术功能及主要应用场景		出入口控制系统（俗称门禁系统）	出入口控制系统应用子类		
			电子门锁	楼宇对讲	停车库（场）管理
出入口控制系统的主要功能		通行目标/凭证注册与鉴别、受控区通行权限管理、对执行设备的驱动控制等多种功能			
其他安防技术或功能举例	对通行目标的编码识别与特征识别技术	智能IC卡技术、RFID技术、编码图形识别技术（如条码、二维码识别）、加密技术、生物特征识别技术、OCR技术（如车牌识别）等			
	视频监控及视频分析技术功能举例	异地核准开启（视频复核）等功能	可扩展电子门镜、异常情况录像等功能	视频监控、录像等功能	停车库（场）内监控、视频车位探测及监控等功能
	需配套使用的实体防护技术产品	电控锁、自动门、通道闸、防尾随旋转栅栏等	与防盗锁合为一体	防盗门、楼宇单元门	电控拦车设备、电控阻车设备等
其他技术或功能				语音对讲等	超声波/电感技术车位置探测、库（场）内电子巡查等
产品中常见的扩展功能		考勤管理、入侵报警、集合报到等	出租屋远程管理等	入侵报警等	停车计费、车位引导等
主要应用场景（细分市场）		写字楼、工厂、银行、机场、政府机关、小区及大院出入口等	住宅、写字楼等	智能小区、别墅等	各类停车库（场）

图 14-14　出入口控制系统应用市场划分

3. 在纵深防护体系下，出入口控制系统的主要职责与防护/防范能力边界问题

纵深防护体系是安全防范系统重要的基础理论之一，目的就是要由远到近，从保护目标的外围到核心点采取多种手段达到安全防范的目的。出入口控制系统以实体防范形成的各受控区出入口控制点为控制对象，在多层级的防范与日常的管理中，主要起到两个作用：一方面，阻止、延迟非授权对象（对手）通过出入口；另一方面，对已授权的目标实现快速通行。如何确定防范的尺度，达到既定的管理与安全要求，是设计出入口控制系统产品与工程应用的重要问题。

安全防范的本质是对风险的防范，安全防范系统建设最重要的目的就是要建成针对指定敌手（对手/入侵者/攻击者）具有相应防范能力，对指定的保护目标提供既定保护能力的应用系统。这种能力，可以用2个目标和4个维度来表示。2个目标是防护目标（被保护对象）和防范目标（要防御的攻击对手），4个维度分别是保护对象、保护程度、防范对象、防范的攻击行为，如图 14-15 所示。

出入口控制系统在安防对抗指标体系下的各维度的边界及举例说明如图 14-16 所示。要充分认识到任何安防系统只能做到"有限防范"。在实际的应用中，应首先做好风险规划，确定防护与防范边界，采用相应安全等级的系统，达成安全防范的预定目的。

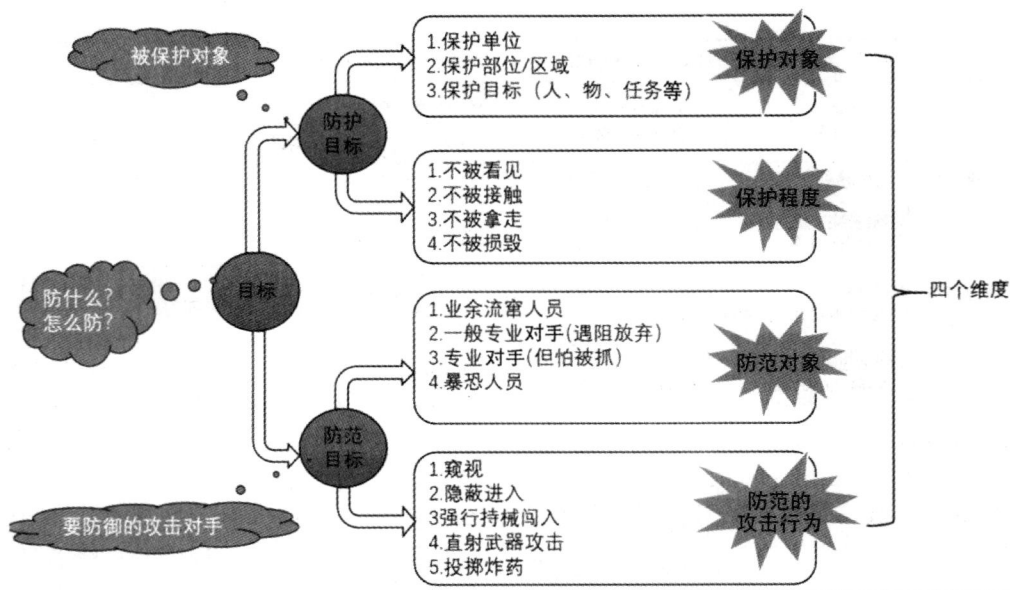

图 14-15　安防目标、维度及各维度的内容举例

出入口控制系统在安防对抗指标体系下的防护/防范边界及举例说明

序号	目标	指标维度	出入控制系统的有限防护/防范边界	举例或说明
1	防护目标	保护对象	保护指定部位/区域	有围墙的院区、楼宇单元、厂房、办公室等受控区
2		保护程度	限制进入/离开	授权允许通行、非授权禁止通行；读卡、人脸、读卡加密码、异地核准、时间控制等多种识读判别方式；多门互锁、路径锁定等多种控制策略
3	防范目标	防范对象	从一般技能的非专业对手到专业的对手	业余流窜人员、一般专业对手、专业对手、暴恐人员
4		防范的攻击行为	防隐蔽进入	阻止和拖延对手行动，尽可能提供方法，帮助发现与认出对手

图 14-16　出入口控制系统在安防对抗指标体系下的防护/防范边界及举例说明

任务十五　智能化出入口控制系统设备功能性能设计

教学目标

知识目标	能力目标	素养目标
掌握智能化出入口控制系统识读部分的规定；掌握智能化出入口控制系统管理/控制部分的规定和执行部分功能设计的规定	对智能化出入口控制系统的各部分设计能够满足规范要求	培养学生良好的倾听能力，能有效地获得各种资讯；培养学生严守法律法规、规范操作的意识

🔍 知识点

（一）知识点1：识读部分的规定

《出入口控制系统工程设计规范》（GB 50396—2007）关于出入口控制系统识读部分的规定如下。

5.2.1 识读部分应符合下列规定：

1 识读部分应能通过识读现场装置获取操作及钥匙信息并对目标进行识别，应能将信息传递给管理与控制部分处理，宜能接受管理与控制部分的指令。

2 "误识率"、"识读响应时间"等指标，应满足管理要求。

3 对识读装置的各种操作和接受管理/控制部分的指令等，识读装置应有相应的声和/或光提示。

4 识读装置应操作简便，识读信息可靠。

（二）知识点2：管理／控制部分的规定

《出入口控制系统工程设计规范》（GB 50396—2007）关于出入口控制系统管理/控制部分的规定如下。

5.2.2 管理/控制部分应符合下列规定：

1 系统应具有对钥匙的授权功能，使不同级别的目标对各个出入口有不同的出入权限。

2 应能对系统操作（管理）员的授权、登录、交接进行管理，并设定操作权限，使不同级别的操作（管理）员对系统有不同的操作能力。

3 事件记录：

1）系统能将出入事件、操作事件、报警事件等记录存储于系统的相关载体中，并能形成报表以备查看。

2）事件记录应包括时间、目标、位置、行为。其中时间信息应包含：年、月、日、时、分、秒，年应采用千年记法。

3）现场控制设备中的每个出入口记录总数：A级不小于32条，B、C级不小于1000条。

4）中央管理主机的事件存储载体，应至少能存储不少于180 d的事件记录，存储的记录应保持最新的记录值。

5）经授权的操作（管理）员可对授权范围内的事件记录、存储于系统相关载体中的事件信息，进行检索、显示和/或打印，并可生成报表。

（三）知识点3：执行部分功能设计的规定

《出入口控制系统工程设计规范》（GB 50396—2007）关于出入口控制系统执行部分功能设计的规定如下。

5.2.3　执行部分功能设计应符合下列规定：

1　闭锁部件或阻挡部件在出入口关闭状态和拒绝放行时，其闭锁力、阻挡范围等性能指标应满足使用、管理要求。

2　出入准许指示装置可采用声、光、文字、图形、物体位移等多种指示。其准许和拒绝两种状态应易于区分。

3　出入口开启时出入目标通过的时限应满足使用、管理要求。

知识拓展

《出入口控制系统技术要求》（GB/T 37078—2018）的解读（下）

一、标准编制背景及与其他相关标准的关系

出入口控制系统作为安全防范领域最重要的子系统之一，近几十年来已广泛应用于各个领域。编制《出入口控制系统技术要求》这一基础性技术标准，就是要从安全防范的角度出发，提出并规范行业内对出入口控制系统及其相关技术的定义、指标及要求，以安全防范的对抗性理念划分系统的安全防护级别，并确定其指标。《出入口控制系统技术要求》是制定出入口控制系统相关产品标准、工程规范的主要依据。它能促进安防行业的发展，为产品制造、系统集成、工程服务企业带来商机，同时能为城市社会治安综合防控体系的建设提供强有力的技术支撑。

《出入口控制系统技术要求》作为出入口控制系统的基础标准，它主要解决出入口控制系统"是什么"的问题；《出入口控制系统工程设计规范》《安全防范工程通用规范》《安全防范工程技术标准》中的出入口控制部分，主要解决出入口控制系统"怎么做"的问题；《出入口控制系统　编码识读设备》《出入口控制系统　控制器》是设备标准，规定了相关设备的要求与试验方法；还有出入口控制系统大类下的楼宇对讲、停车库（场）、电子锁等相关系统及产品标准，规定了相关应用子系统的要求；在银行、核电等其他领域的安防应用标准，如《电力系统治安反恐防范要求　第6部分：核能发电企业》中也直接引用了本标准，并根据各区域的风险情况，分别提出了应符合本标准安全等级2及安全等级3的相关要求。

二、标准主要内容要素

安全等级、受控区、功能和性能要求是本标准的主要内容要素，受控区的概念贯穿出入口控制系统要求的各个部分，功能和性能要求按照安全等级对应展开。

本标准中"5.2 安全等级的划分",是按防范的对手的技能、知识水平设定的,1级安全等级最低,4级最高,如表15-1所示。在每一个安全等级下有多项要求,要达到某安全等级,就必须满足该安全等级下的所有要求,做到均衡防护。

表 15-1 出入口控制系统安全等级划分表

安全等级	1	2	3	4
防护能力	低	中低	中高	高
防范的对手的技能、知识水平	基本不具备 ACS 的知识,且仅使用常见、有限的工具,当对手在面对最低程度的阻力时很有可能放弃攻击	仅具备少量 ACS 知识,懂得使用常规工具和便携式工具,当对手意识到可能已被探测之后很可能放弃继续攻击	熟悉 ACS,可以使用复杂工具和便携式电子设备。当对手意识到可能会被认出及抓获时,有可能放弃继续攻击	具备攻击系统的详细计划和所需的能力或资源,具有所有可获得的设备,且懂得替换出入口控制系统部件的方法。当对手意识到可能会被认出及抓获时,有可能放弃继续攻击
通常应用的防护对象	风险低、资产价值有限的防护对象	风险较高、资产价值较高的防护对象	风险高、资产价值高的防护对象	风险很高、资产价值很高的防护对象
防护的主要目的	阻止和拖延对手行动	阻止、拖延和探测对手的行动	阻止、拖延和探测对手的行动,同时可以提供方法,帮助认出对手	阻止、拖延和探测对手的行动,同时可以提供方法,帮助认出对手

三、展望与总结

个性化目标探测是出入口控制系统的基础,信息技术的发展为个性化目标探测带来多种更便捷、更智能、更安全的应用手段,在指纹识别、人脸识别、虹膜识别产品越来越普及之后,声纹识别、步态识别等多种生物特征识别技术也用于出入口控制系统。

利用出入口控制系统的对个性化目标流动管理的特点,在智能化、智慧化的大趋势下,各种技术不断赋能出入口控制系统产品,虽然可以为社会管理带来极大便利、提高掌控力,还可以为商家带来丰厚的利益增长点,但同时应看到新技术是一把"双刃剑",若未能充分论证其可能带来的次生风险,未依照防范的技术底线设计系统和产品,盲目地在高安全防范领域滥用"智能化",将会带来新的安全风险与隐患。世界经济论坛

《2022年全球风险报告》将有害的技术进步列为全球最主要的长期风险，也正说明这一点。

出入口控制系统并不缺乏技术创新的动力，但是部分用户群体甚至产品研发制造企业，还是缺乏对安全的全面理解和认识，不按照标准已设定的底线设计产品，盲目地追求智能与便捷，将会带来新的安全风险与隐患，需要正确引导。

学习本标准，要用安防对抗的理念从掌握安全等级的概念入手，用均衡防护的思想来理解各安全等级的技术指标，并正确地应用到设备标准、工程标准、各行业应用标准的编制，系统设备和软件研发制造及系统设备检验过程中；要从系统架构的优劣、安全设计的层次与维度等方面全方位思考出入口控制系统的应用与发展，为用户提供既满足管理需要，又能实现既定安全防护目标的系统。

任务十六　智能化出入口控制系统设计流程与深度

教学目标

知识目标	能力目标	素养目标
识记智能化出入口控制系统设计流程与深度	能够进行智能化出入口控制系统设计	培养学生良好的倾听能力，能有效地获得各种资讯；培养学生严守法律法规、规范操作的意识

一、知识点

智能化出入口控制系统的基本设计流程与深度如下。

智能化出入口控制系统工程的设计应按照设计任务书的编制、现场勘察、初步设计、方案论证、正式设计（施工图设计文件的编制）流程进行。

《出入口控制系统工程设计规范》（GB 50396—2007）附录部分

对于新建建筑的智能化出入口控制系统工程，建设单位应向智能化出入口控制系统设计单位提供有关建筑概况、电气和管槽路由等设计资料。

1. 设计任务书的编制

智能化出入口控制系统工程设计前，建设单位应根据安全防范需求，提出设计任务书。

设计任务书应包括以下内容：

① 任务来源；

② 政府部门的有关规定和管理要求（含防护对象的风险等级和防护级别）；

③ 建设单位的安全管理现状与要求；

④ 工程项目的内容和要求（包括功能需求、性能指标、监控中心要求、培训和维修服务等）；

⑤ 建设工期；

⑥ 工程投资控制数额及资金来源。

2. 现场勘察

智能化出入口控制系统的设计除应符合《安全防范工程技术标准》（GB 50348—2018）的有关规定外，还应仔细了解各受控区的位置及其出入限制级别；了解每个受控区各出入口的现场情况；执行部分需采用闭锁部件的还应了解其被控对象（如通道门体）的结构情况。

3. 初步设计

初步设计的依据应包括以下内容：

① 相关法律法规和国家现行标准；

② 工程建设单位或其主管部门的有关管理规定；

③ 设计任务书；

④ 现场勘察报告、相关建筑图纸及资料。

4. 方案论证

工程项目签订合同、完成初步设计后，宜由建设单位组织相关人员对包括智能化出入口控制系统在内的安防工程初步设计进行方案论证。

方案论证应做出评价，形成结论（通过、基本通过、不通过），提出整改意见，并由建设单位确认。

5. 正式设计

获得设计所需要的基本资料后，可以根据所获得的资料信息，正式设计及出具设计文件。

二、技能点

在任务十三的案例导入中，某小区需要升级智能化出入口控制系统，解决目前小区人员出入无记录、身份核查难、双手携带物品出入通行困难，车辆通行智能化程度低、通行慢、收费乱等问题。该小区智能化出入口控制系统设计如下。

小区出入口设备选型设计如图 16-1 所示。

图 16-1　小区出入口设备选型设计

小区出入口通行业务组网设计如图 16-2 所示。

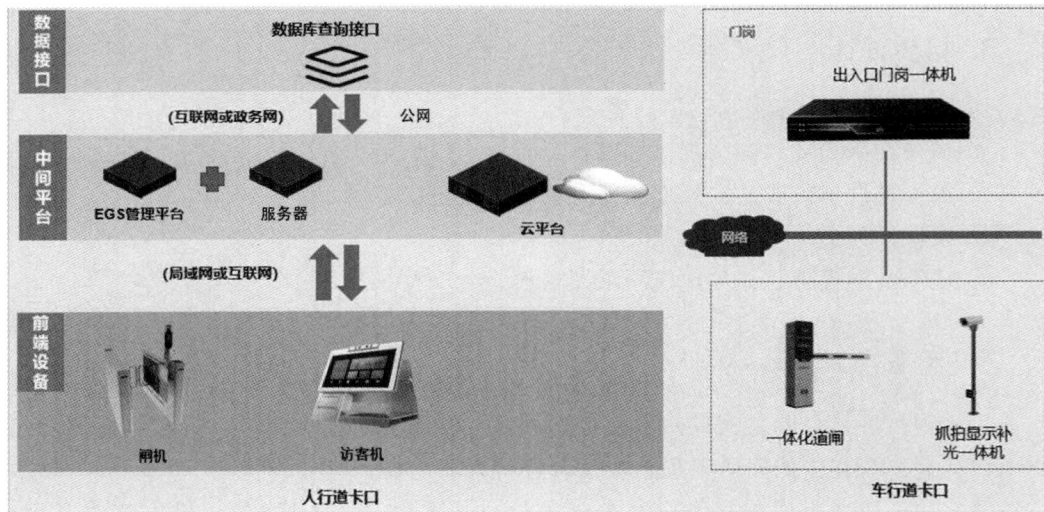

图 16-2　小区出入口通行业务组网设计

在小区出入口安装速通门，配合人脸门禁机、访客机通过人脸识别、身份信息授权等方式管理人员的进出，进出记录保存在后台管理机中，解决用户提出的人员通行问题——人员出入无记录、身份核查难、双手携带物品出入通行困难。

在停车场出入口设计一体化道闸，并配合出入口门岗一体机实现对车辆进出的管控，系统自动识别车牌后决定是否放行车辆，在停车场、电梯处张贴支付宝、微信二合一二维码，扫码后输入车牌进行预缴费，缴费完成后出口门岗自动放行，解决用户提出的车辆通行问题——通行智能化程度低、通行慢、收费乱。

小区人员进出设计、小区车辆进出设计分别如图 16-3、图 16-4 所示。

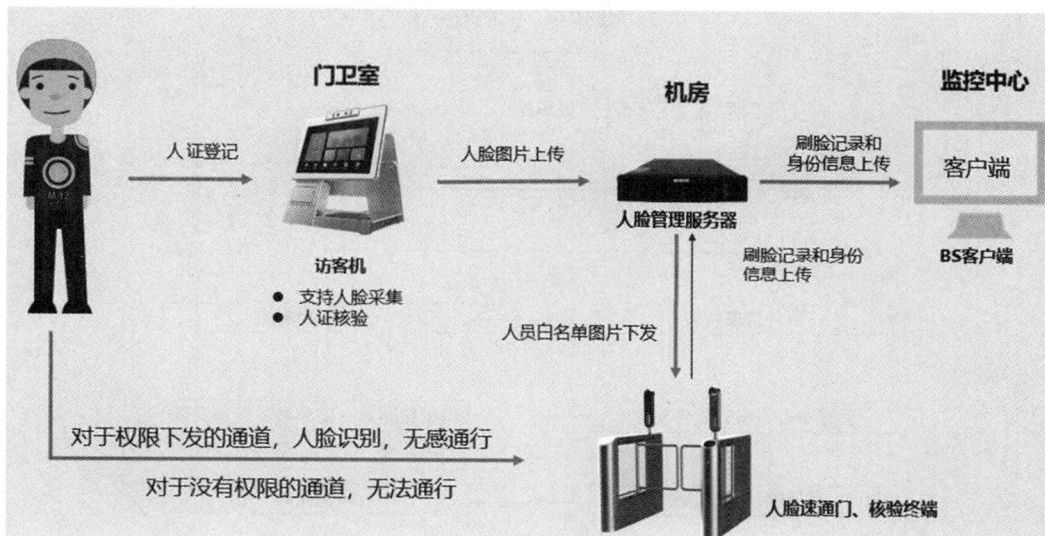

图 16-3 小区人员进出设计

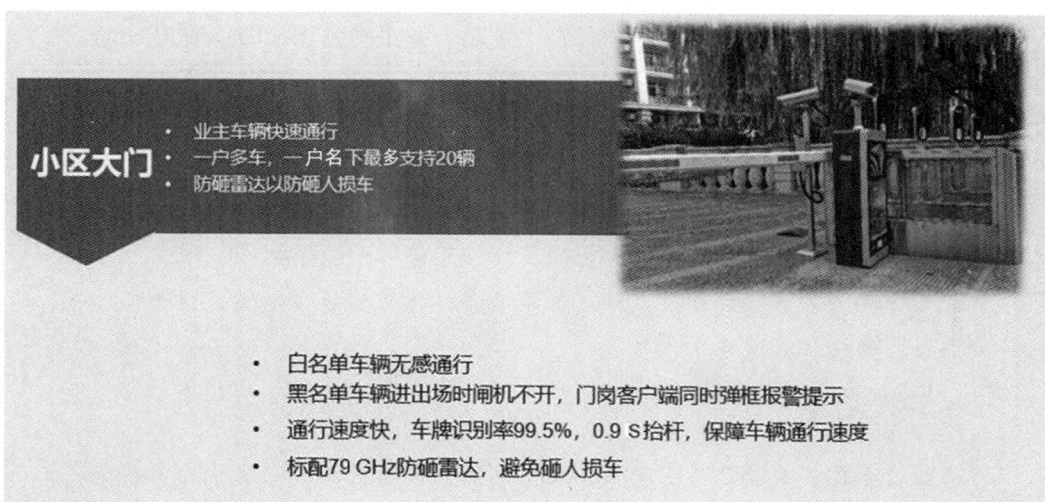

图 16-4 小区车辆进出设计

知识拓展

门禁一卡通系统设备安装施工流程：从图纸会审、技术交底到进场施工；点位定位、线管安装到信号线敷设，信号线缆测试；设备安装，软件安装，系统调试、试运行，系统联调等。（见图 16-5）

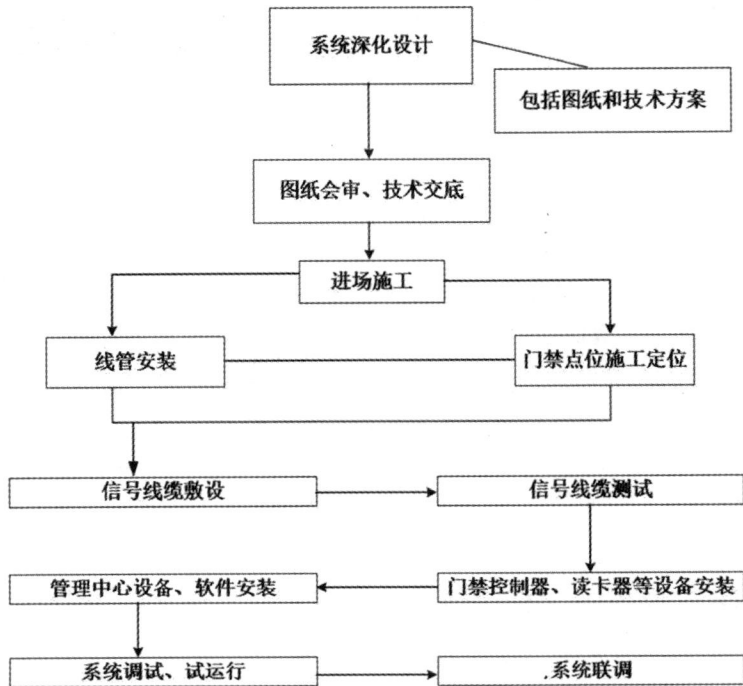

图 16-5 智能化出入口控制系统设备安装施工流程图

门禁一卡通系统施工主要包括三个阶段：施工前准备、设备安装、检测调试阶段。

（一）施工前准备阶段

设备安装前要清理施工现场，确保有施工面，并做好施工记录。

在设备安装过程中，应轻拿轻放，不得碰撞，保证设备质量符合要求；凡在安装过程中造成损坏的，应立即更换，不得用于工程中。

设定参考点、参考线，准确定位读卡器、开门按钮、电锁、控制器、控制箱等，为全面安装提供条件。

（二）设备安装阶段

1. 读卡器安装

读卡器的安装要远离有较强振动、电磁干扰的区域；安装于人员通道门口，距离门开启边 200～300 mm，距地面高度 1.2～1.4 m；如果在同一个出入口处安装 2 台进、出门读卡器，为防止读卡器发射磁场相互影响，2 台读卡器的安装距离应大于 50 cm。

读卡器尽可能不要安装在金属面上，安装在金属表面会使读卡灵敏度大大衰减，甚至会读不到卡。如果一定要安装在金属表面上，就要用胶皮垫高读卡器 1～2 cm。双向读卡器须距离 50 cm（避免背靠背水平安装），避免双向读卡器的距离过近，使读卡器读卡不灵敏。

读卡器到控制器的线，采用六芯屏蔽多股导线，线截面积在 0.5 mm² 以上。一般读卡器至控制器之间连线最长不可以超过 50 m。若使用 RS485 读卡器，读卡器至控制器之间连线最长不可超过 500 m。读卡器至控制器之间连线，其屏蔽线接控制器的 GND，做到接线可靠、安装牢固。

2. 开门按钮安装

开门按钮的安装要远离有较强振动、电磁干扰的区域；安装于人员通道门口，距离门开启边 200～300 mm，距地面高度 1.2～1.4 m；开门按钮到控制器的线，采用两芯 RVV 线，线截面积在 1.0 mm² 以上。

3. 电锁安装

电锁安装前要确定所在门的开启方向（向内、向外、平移、上下）、数量（单扇、双扇）、门框（有无、材质）、门型（材料、外形）、规格间距（门板到门框的间距）、用途（防火等）和进出形式（刷卡进门按钮出门、刷卡进门刷卡出门或其他），以及确定是否有特殊要求等。

电锁的安装方法：根据说明书及安装接线图安装。要保证安装位置妥当、牢固，避免出现锁舌不到位、锁体发热情况。

电锁的开锁方式应符合消防要求，具体表现为系统与消防火灾系统联动，当接收到火灾报警信息时，所有与逃生相关的门禁全部打开放行。

电锁到控制器的线，要求使用四芯电源线，线截面积在 1.0 mm² 以上；如果超过 50 m 或者两把锁并接，则要使用线截面积 1.5 mm² 的线。

4. 控制器安装

控制器应按照设计安装于弱电间等便于维护的地点。

管线严格按照强、弱电分开原则；信号线不能与大功率电力线平行，更不能穿在同一管内，如因环境所限，要平行走线，信号线要远离电力线 50 cm 以上；配线在建筑物内安装要保持水平或垂直，配线应加套管保护；接驳处可用金属软管，但需固定稳妥美观。

控制器到控制器之间，是 TCP/IP 星形总线，采用双绞网线连接。

屏蔽保护及屏蔽措施：在施工前的考察中如果发现布线环境的电磁干扰比较强烈，在设计施工方案时必须考虑对数据线进行屏蔽保护；当施工现场有比较大的辐射干扰源或与大电流的电源成平行布置等时，则须进行全面的屏蔽保护；屏蔽措施一般为最大限度地远离干扰源，并使用金属线槽或镀锌金属钢管，保证数据线的屏蔽层和金属槽或金属管的连接可靠接地（强调：屏蔽体只有连续可靠接地才能取得屏蔽效果）。

5. 控制箱安装

控制箱的安装应符合技术说明书的要求。

控制箱的固定应不少于三个螺丝，保证牢固；位置应选择在避免电磁干扰、便于维护的环境；控制箱应具备防拆功能，任何时候被拆都应报警。

控制箱的交流电应不经开关引入，如要用开关，则应安装在控制箱里面，交流电源线应单独穿管走线，严禁与其他导线穿在同一管内。

控制箱的安装要高于地面 2.6 m 以上，要牢固、美观，保证安全。

（三）检测调试阶段

门禁一卡通系统的检测要在系统连续试运行至少半个月后进行。检测前必须提供单体设备的测试记录、系统调试报告和试运行记录与报告；检测时先进行现场单体设备安装质量和性能抽查，然后进行系统功能调试。

清洁：移交前完成清理、清洁工作。

保护措施：门禁一卡通系统安装完成后要对其做好保护措施。

任务十七　智能化出入口控制系统工程识图绘图

教学目标

知识目标	能力目标	素养目标
识记智能化出入口控制系统工程识图图例	能够绘制门禁系统示意图； 能够绘制停车场管理系统原理图； 能够绘制实训室智能化出入口控制系统的系统图	培养学生精益求精的敬业精神和工匠精神； 培养学生规范操作的意识

一、知识点

出入口控制系统设备图形符号如表 17-1 所示。

表 17-1　出入口控制系统设备图形符号

序号	设备名称	英文名称	图形符号	说明
4401	读卡器	card reader		
4402	键盘读卡器	card reader with keypad	KP	

续表

序号	设备名称	英文名称	图形符号	说明
4403	指纹识别器	finger print identifier		
4404	指静脉识别器	finger vein identifier		
4405	掌纹识别器	palm print identifier		
4406	掌形识别器	hand identifier		
4407	人脸识别器	face identifier		
4408	虹膜识别器	iris identifier		
4409	声纹识别器	voiceprint identifier		

二、技能点

(一)技能点 1: 绘制门禁系统示意图

门禁系统示意图如图 17-1 所示。

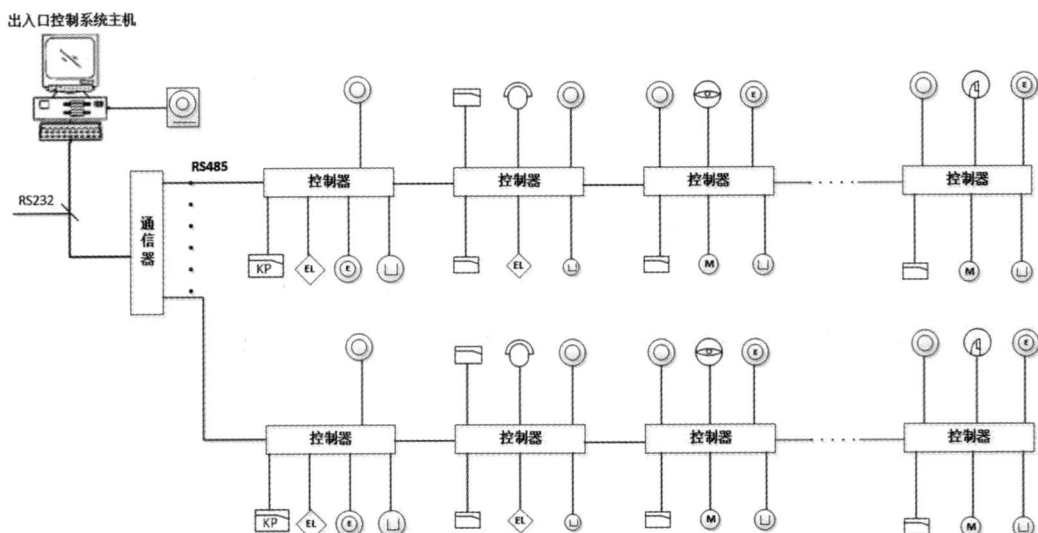

图 17-1　门禁系统示意图

(二) 技能点 2: 绘制停车场管理系统原理图

停车场管理系统原理图如图 17-2 所示。

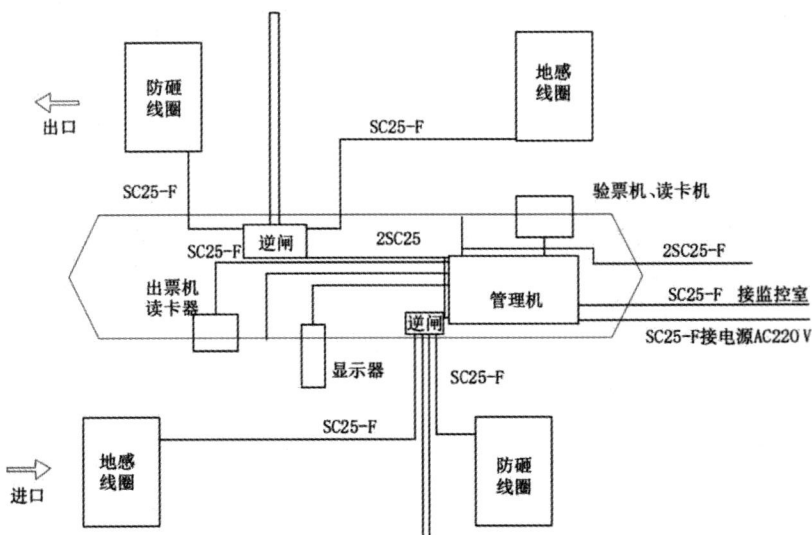

图 17-2　停车场管理系统原理图

（三）技能点 3：绘制实训室智能化出入口控制系统的系统图

实训室智能化出入口控制系统的系统图如图 17-3 所示。

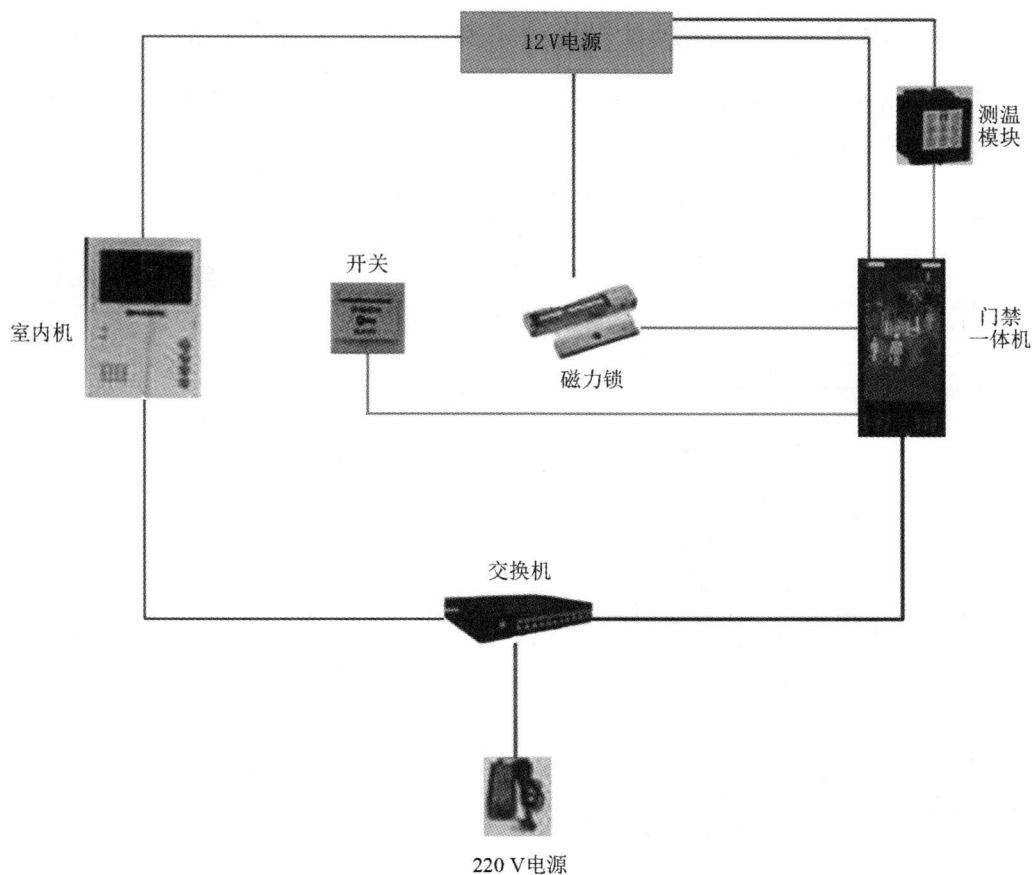

图 17-3　实训室智能化出入口控制系统的系统图

┃任务十八　智能化出入口控制系统设备清单及造价

> **教学目标**

知识目标	能力目标	素养目标
理解智能化出入口控制系统设备清单表格所需的主要项目； 了解清单制作流程	能够进行智能化出入口控制系统的设备配置； 能够查找费用信息，制作报价文件	培养学生良好的倾听能力，能有效地获得各种资讯； 培养学生严守法律法规、规范操作的意识

技能点

（一）技能点 1：制作智能化出入口控制系统的设备清单表格

智能化出入口控制系统设备清单表格包括主要设备（项目）、定额编号、主材价格、数量、全费用综合单价等信息，如表 18-1 所示。

表 18-1 智能化出入口控制系统的设备清单（1）

序号	定额编号	项目	定额表中全费用/元	主材价格/元	全费用综合单价/元	单位	数量	合计/元	备注
1		读卡器（带键盘）				台	1		
2		人体生物特征识别系统（识别器）				台	1		
3		出入口按钮				台	1		
4		门禁控制器（双门）				台	1		
5		电磁吸力锁				台	1		
6		自动闭门器				台	1		
7		停车场、出入口标志牌				台	1		
8		通行诱导信息牌				台	1		
9		栏杆装置（电动栏杆）				台	1		
10		车辆牌照识别装置				台	1		
11		出入口控制系统（≤50 门）				系统	1		
12		停车场管理系统（≤2 进 2 出）				系统	1		
13		双绞线缆线槽内布放（≤4 对）				m	300		
		总计							

（二）技能点 2：制作全费用综合单价制报价文件

设备清单中设备的全费用和定额编号可以在《湖北省通用安装工程消耗量定额及全费用基价表》（2024）"第五册　建筑智能化工程"中进行查询，全费用由完成规定计量单位的定额项目所需的人工费、材料费、机械费、费用、增值税组成。

首先根据在《湖北省通用安装工程消耗量定额及全费用基价表》（2024）中查询到的信息，在清单中填写对应的定额编号等信息。其次在爱采购网站上查询设备价格信息。最后将查询到的对应设备的价格信息填入清单中主材价格项，全费用综合单价＝定额表中全费用＋主材价格，合计＝全费用综合单价×数量，得到智能化出入口控制系统清单，如表18-2所示。

表18-2　智能化出入口控制系统的设备清单（2）

序号	定额编号	项目	定额表中全费用/元	主材价格/元	全费用综合单价/元	单位	数量	合计/元	备注
1	C5-6-53	读卡器（带键盘）	133.99	3375.00	3508.99	台	1	3508.99	
2	C5-6-55	人体生物特征识别系统（识别器）	225.47	3599.00	3824.47	台	1	3824.47	
3	C5-6-57	出入门按钮	18.34	10.00	28.34	台	1	28.34	
4	C5-6-59	门禁控制器（双门）	337.25	450.00	787.25	台	1	787.25	
5	C5-6-65	电磁吸力锁	70.02	210.00	280.02	台	1	280.02	
6	C5-6-67	自动闭门器	41.39	400.00	441.39	台	1	441.39	
7	C5-6-142	停车场、出入口标志牌	749.88	1280.00	2029.88	台	1	2029.88	
8	C5-6-145	通行诱导信息牌	477.58	3200.00	3677.58	台	1	3677.58	
9	C5-6-146	栏杆装置（电动栏杆）	756.45	2000.00	2756.45	台	1	2756.45	
10	C5-6-153	车辆牌照识别装置	679.16	1480.00	2159.16	台	1	2159.16	
11	C5-6-177	出入口控制系统（≤50门）	5523.86		5523.86	系统	1	5523.86	
12	C5-6-181	停车场管理系统（≤2进2出）	875.56		875.56	系统	1	875.56	
13	C5-2-25	双绞线缆线槽内布放（≤4对）	3.52	6.00	9.52	m	300	2856	
总计								28748.95	

综合安防管理平台设计

├─任务十九　综合安防管理平台需求分析

教学目标

知识目标	能力目标	素养目标
识记综合安防管理平台组成	能够选择合适的综合安防管理平台	增强保密意识，严守纪律

　　综合安防管理平台是一个集合了多种安全管理功能的智能系统，旨在提供一站式的安全管理解决方案，以保障个人和企业的安全。综合安防系统包括视频监控、门禁控制、入侵报警、消防安全等多个子系统，将这些子系统结合起来在一个统一的平台上管理，可以大大提高监管效率和应急处理能力，并通过智能化技术和数据分析，帮助用户实现全面、高效的安全管理。

🔍 一、知识点

　　综合安防管理平台主要由以下几个关键模块组成。

1. 视频监控

　　综合安防管理平台通过接入高清摄像机和智能视频分析系统，实现全面的视频监控。用户可以通过平台实时查看各个区域的视频画面，对异常情况进行及时处理。平台还支持视频录像和回放功能，用于事件溯源和证据保全。

2. 门禁控制

综合安防管理平台可以集成门禁控制系统，实现对出入口的严格管控。用户可以凭借平台管理员账号授权人员的门禁权限，记录人员进出的时间和地点，并可远程控制门禁设备，有效防止未经授权的人员进入，提升安全性。

3. 入侵报警

综合安防管理平台内置智能化入侵报警系统，通过红外传感器、烟雾传感器等设备，对区域进行监测。一旦有人员或物品未经授权进入，或者产生了异常状况，系统将自动触发报警，并通过发送短信等方式通知相关人员，有效防止了不法分子的入侵，降低了安全风险。

4. 消防安全

综合安防管理平台可以集成消防安全系统，通过烟雾探测器、火焰探测器等设备，对火灾等危险情况进行监测。一旦发生火灾，系统将立即报警，并触发喷淋装置，以最快的速度进行灭火，对人员和财产的保护具有重要意义。

5. 集成化管理

综合安防管理平台将多种安防管理功能集成在一个系统中，实现了统一管理。用户可以通过一个平台完成视频监控、门禁控制、入侵报警等操作，而不需要使用多个独立的系统，提高了工作效率。平台还支持数据的统一存储和分析，方便用户进行决策和管理。

6. 数据分析和决策支持

综合安防管理平台通过对大量的安防数据进行分析和挖掘，可以提供有价值的信息。例如，通过对视频监控画面的分析，可以统计人流量等信息，这对于提高市政管理能力等具有重要意义。

🔍 二、技能点

选择合适的综合安防管理平台需要注意以下几个方面。

1. 了解业务需求

在选择综合安防管理平台之前，首先需要了解用户的业务需求。不同行业和场所对于安防管理的需求有所不同，如学校、写字楼、工厂、商场等，因此需要根据实际需求选择合适的平台。例如，对于人流量大的场所，可以选用具备人流量统计功能的平台。

2. 考虑覆盖范围

关于综合安防管理平台的覆盖范围，要保证平台能够接入关键区域，如出入口、交通要道等。

3. 考虑系统稳定性

安防管理是一项需要长期支持和维护的工作，因此综合安防管理平台的稳定性至关重要。在选择平台时，要考虑其所采用的技术、供应商的信誉和服务支持等因素，最好选择有一定行业经验和良好口碑的企业所研发的综合安防管理平台，以保证后期的维护和升级。

4. 考虑性价比

综合安防管理平台的成本是一个需要考虑的重要因素。在选择平台时，要综合考虑平台的功能、稳定性和价格等因素，最好选择功能全面、性价比高的平台，以提升安全管理效率的同时降低成本。

5. 考虑兼容性与标准化

选择支持开放标准和协议的平台，以便与其他安防设备和现有 IT 基础设施无缝对接。

6. 考虑扩展性与升级性

考虑到未来可能增加的设备和功能需求，选择易于扩展和升级的平台。

练习题

问答题

1. 什么是综合安防管理平台？
2. 综合安防管理平台有哪些关键模块？
3. 如何选择合适的综合安防管理平台？

答案：1. 综合安防管理平台是一个集合了多种安全管理功能的智能系统，旨在提供一站式的安全管理解决方案。

2. 综合安防管理平台有视频监控、入侵报警、门禁控制、消防联动、访客管理、停车场管理等关键模块。

3. 在选择综合安防管理平台时，需要了解业务需求，考虑覆盖范围、系统稳定性、性价比、兼容性与标准化、扩展性与升级性等因素。

├─任务二十　综合安防管理平台集成系统分析

教学目标

知识目标	能力目标	素养目标
识记综合安防管理平台的功能； 识记系统接入要求、平台软件要求	能够进行综合安防管理平台集成系统设计	以人为本，增强保密意识，严守纪律

🔍 知识点

（一）知识点 1：综合安防管理平台功能

综合安防管理平台通常包含以下功能。

1. 统一门户

平台可以通过 HTTP 远程访问，包括通过 PC 浏览器访问，还可以与第三方平台共享 Web Service 数据。

平台通过身份认证和权限管理为不同级别的用户提供不同的访问界面和功能，不同权限用户登录平台后，可以访问的功能以及可以实现的操作有所区别。

平台可以基于标准的门户模板，按要求提供定制化的登录页面，满足软件统一登录风格的要求。

2. 统一身份认证

统一身份认证管理以认证服务为基础，统一用户管理、授权管理和身份认证体系，将组织信息、用户信息统一存储，进行分级授权和集中身份认证，进而规范应用系统的用户认证方式。管理系统的部署使用可以实现全部应用的单点登录，提高应用系统的安全性和用户使用的方便性。

3. 统一数据库管理

建立以安全业务为基础的人、地、物、事和组织等信息数据库，建立多维数据之间的关系，为融合业务提供数据基础。

平台通过数据汇聚、数据处理、数据存储、数据服务等功能，采集前端感知数据及监管平台数据等，经数据处理后，按照数据使用目的形成人员基础库、车辆基础库等各类安防基础数据库，支持实现数据智能。

平台需要建立的数据库类型包括人员信息数据库（安保人员、组织单位信息等），网格/地理位置信息数据库（网格区域、楼层等），技防节点信息数据库。消防报警、智能分析报警、人脸布控报警、车辆超速报警信息数据库，设备设施资产管理信息数据库等。

数据库同步管理主要解决不同系统组件之间的数据导入导出工作。数据库同步管理，实现数据集成、数据共享，解决内部数据"孤岛"问题，建立统一的数据管理平台。

4. 统一子系统接入

1）子系统数据采集

平台系统涉及的子系统众多，各子系统间的关联强度大。平台系统总体结构具有兼容性和可扩展性，包容不同厂家类型的产品，便于升级换代，使整个智能化系统可以随着技术的发展不断完善。

提供子系统综合接入平台，对每个子系统提供接入访问控制程序，对所有来自子系统的业务数据和上传的安全信息按统一格式发送给平台。

2）统一驱动管理

统一驱动管理实现对子系统驱动的统一管理，实时监测系统中不同品牌子系统的运行状态，实现子系统驱动持续运行以及可靠的数据采集，最大化保障系统稳定性。

5. 地图可视化应用

1）2D地图应用

平台采用专业GIS引擎，引擎提供高级的空间分析功能服务，包括缓冲区分析、叠加分析、表面分析等功能。

地图可视化应用
其他功能

2）地图可视化呈现

支持地图分层，支持整体和局部、楼层和房间管理。

3）建筑物管理

平台支持楼层切换，点击楼层名称可快速切换楼层，支持查看楼层相关设备点位信息；支持点击某一栋建筑物可查看该建筑物的相关信息，包括楼宇名称、网格负责人信息、设备资产信息；支持查看楼内相应的安防和技防点位信息，实现精细化管理。

4）地图网格区域管理

地图网格区域图例及分类显示功能：支持在GIS地图上分类显示划定的物理网格和逻辑网格，物理网格按地理位置划分，逻辑网格按建筑物的归属和用途划分。

基于网格的事件管理功能：包括安全事件类型统计、相应预案联动及资源管理、安全事件责任人管理等。

支持网格分区、分级管理的功能：不同的防护等级可以用不同的颜色进行标识，

方便用户可以快速地查看自己所辖的区域，及时地了解情况，遇到特殊情况进行快速应急响应。

6. 应急指挥管理

1）综合报警管理

各类报警的统一接收和子系统的统一接入及联动是实现安全事件快速响应、应急指挥的基本前提和重要基础，也是新一代智能技防系统区别于传统技防系统的关键要素。综合安防管理平台能够对各类技防子系统的报警进行统一接收、管理及响应。平台支持设备告警、事件告警、应急指挥以及相应的设备告警统计和事件报警统计功能；支持多种技防子系统的报警数据接收，包括报警平台、主流报警主机（提供周界报警）、消防报警系统、门禁报警、手动按钮报警等的报警数据接收；支持交通卡口（出入口、超速、违停等）、视频智能分析（人脸识别、人群密度等）等的报警数据接收。

综合报警管理
具体功能

综合报警管理实现了各类报警的统一接收和子系统的统一接入及报警联动功能，实现了报警事件快速响应、应急指挥的功能，大大节约了用户的应急指挥时间，可以做到及时发现问题，及时处置。

2）预案管理

预案管理是实现各技防子系统联动的中枢模块，也是综合管理应急指挥的基础。预案管理的智能化程度直接决定了整个系统的实战性及智能化水平。

预案管理支持设备预案和事件预案，设备预案主要针对单个设备在布防时间内产生事件所联动的报警功能；事件预案是针对在布防时间内某一事件产生的联动报警功能，如消防事件、入侵事件、车辆事件、治安事件等，可根据事件类型注册不同的事件预案。预案管理可以方便用户根据实际需求进行相应的预案配置，对突发报警事件快速预案联动处置。

预案管理支持子系统的报警数据源作为事件源，可对报警数据源进行预案配置。预案配置能够对突发报警事件进行预案联动处置，如视频弹出、LED 响应文字显示、声光提示等；支持通过列表形式查看配置的所有预案信息，支持对预案进行修改、删除、查看详情等操作，同时支持对预案进行启用/禁用操作。

① 预案注册。预案管理支持多种预案类型注册，包括设备预案注册、事件预案注册、设备预案批量注册。设备预案注册支持对设备预案基础信息配置，包括预案名称、设备类型、报警设备、触发时间段。事件预案注册支持对事件预案基础信息配置，包括预案名称、事件类型、事发地点、预案级别、触发时间段。

② 预案动作。预案动作包括确警前处置项、确警后处置项。

确警前处置项：控制中心声光蜂鸣器开启、语音提示报警位置、打开告警设备附近视频、关联视频自动弹出、LED 显示屏显示报警信息、通知责任人（通过短信、邮件）等。

确警后处置项：启动户外 LED 信息提示系统，通知设备网格第一负责人，通知

其他负责人，广播、门禁设备联动，用户功能角色联动，用户设备角色联动，用户防区角色联动，告警视频下载等相关配置项。

当需要批量确警时，平台弹出相应的弹窗，可进行真警不执行预案、真警执行预案或者虚警不执行预案的操作。对预案执行结果可进行记录和查看。

③ 预案统计。系统能够对执行过的预案进行统计分析，可根据自定义时间类型、不同类型预案数量、不同事件注册预案数量等多条件以统计图表的方式进行展示。

综合安防管理平台的预案管理可以对各种预案进行相应的配置，当发生报警时，联动相应的预案进行及时的处置，实现事前记录、事中快速响应、事后可查阅的完整的闭环处置功能。

3）接处警管理

接处警是较大型园区保卫部门的核心工作之一，通过综合安防管理平台的接处警管理模块，可实现接处警管理工作的信息化。

接处警管理主要包括接警登记、处警单管理、接警人员管理、接处警列表展示、统计查询等功能。

处警单管理
具体功能

接警登记：接警单记录报案人的相关信息、留存报案人的影像、记录案件发生经过等，对报警相关信息存档，并且可以对案件的严重性进行分级（轻微、一般、中等、严重），方便值班人员进行快速登记处置。

处警单管理：案件处理完后，对案件处理过程和结果进行记录，编写相应的结案报告等；对案件相关的资料进行归档管理。

4）卷宗管理

卷宗管理包括卷宗列表展示、卷宗生成、卷宗统计等相关的功能。

卷宗列表展示：所有的卷宗信息都可以以列表形式进行展示，卷宗来源主要是综合告警、接处警等告警信息源；卷宗信息包括卷宗名称、卷宗编号、卷宗类别、卷宗创建人、报案人、创建时间、修改时间、卷宗状态、卷宗来源等信息，卷宗列表支持对卷宗快速检索、下载等。

卷宗生成：根据案件生成卷宗，将案件相关的数据，包括相关视频、报警信息、相关图片、相关文件等进行打包管理。

卷宗统计：支持时间、卷宗类型检索；以统计图表形式呈现；支持表单形式呈现和打印。

卷宗管理可以供事后进行快速查阅，方便相关人员对各个接警事件进行快速掌握。

7. 各子系统应用功能

1）视频监控应用功能

不同于视频监控管理平台，综合安防管理平台的视频监控功能模块重心在于对视频的操作及应用，尤其是报警联动视频的管理，具体可以实现以下功能。

① 支持在 GIS 地图上的各种摄像机操作：单机播放、框选播放、多路播放、回放、视频录制、视频片段存储、视频追踪、点位注册、点位信息显示、人工上报告警信息等。

② 支持摄像机列表查看和视频多窗口播放等功能。

③ 支持实时播放、录像查询、云台控制、多路查询及同步播放等丰富的操作功能。

④ 支持自定义摄像机分组。

⑤ 支持视频轮播功能，该功能主要针对自定义分组的视频，用户可点击相应的视频轮播模块，方便快速发现问题，及时进行应急处置。

⑥ 支持录像轮播功能，该功能主要针对自定义分组的录像，用户需要选定回放的时间和时长进行录像的回放轮播。

⑦ 支持网格地图的视频轮播，选择对应分组的摄像机进行网格地图的视频轮播，网格地图会自动定位到该摄像机的点位进行闪烁，并播放当前视频，用户可手动对当前视频进行暂停、播放、停止、查看、关闭操作。

⑧ 支持视频片段管理，支持视频片段的列表展示，可根据摄像机名称、视频类型、下载状态、时间、区域名称进行视频片段的筛选；支持对预案中配置了视频下载的告警关联的视频进行下载且对下载视频进行查看等。

2）车辆管理应用功能

综合安防管理平台集成了交通管理系统，可与卡口设备、"违停球"、超速抓拍摄像机、短信平台配合使用，实现车辆信息管理、车辆违章管理、车辆统计、短信发送等功能。

车辆信息管理具体功能

3）门禁管理

综合安防管理平台门禁管理模块要求能对门禁信息进行管理，实现门禁信息实时记录、报警信息记录、各类门禁信息统计等功能。

门禁管理功能　　**综合安防管理平台其他功能**　　**对子系统的统一驱动管理功能**

（二）知识点 2：平台软件系统特性

1. 设备兼容性

平台软件系统具备设备兼容性，兼容行业内主流视频编码设备，兼容行业内主流报警主机设备，兼容行业内主流门禁控制设备，兼容行业内主流智能视频分析设备。

2. 平台软件系统全面性

平台软件系统具备全面性，包括平台管理软件、手机监控软件等智能化视频监控系统中涉及的全系列软件等。

3. 平台多级扩展性

软件系统可通过网络横向和纵向无限制集联，使系统容纳巨量设备、支持巨量的用户并发访问。如图 20-1 所示，每级平台都可独立工作，又可将数据向上级平台汇总，实现系统规模的纵向扩展。

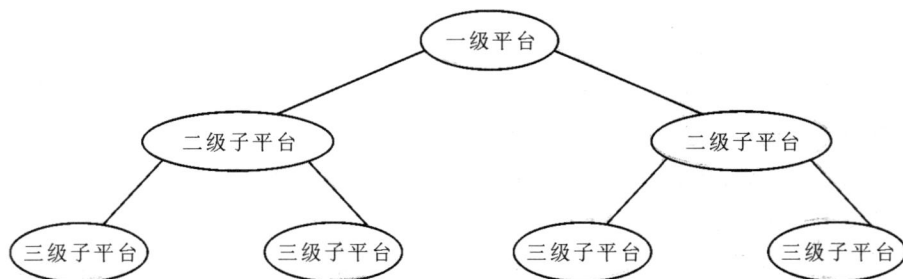

图 20-1 平台多级扩展图

4. 稳定性

软件系统基于组件模式开发，模块化程度高，系统模块之间功能耦合性小，系统稳定性高。

5. 采用流媒体转发及分发策略

软件系统采用流媒体转发策略，提高网络带宽利用率。如某一路视频数据经编码设备传输到服务器后，可由服务器转发或分发到多个客户端，而服务器与前端的视频编码设备之间只用一路视频的网络带宽。（见图 20-2）

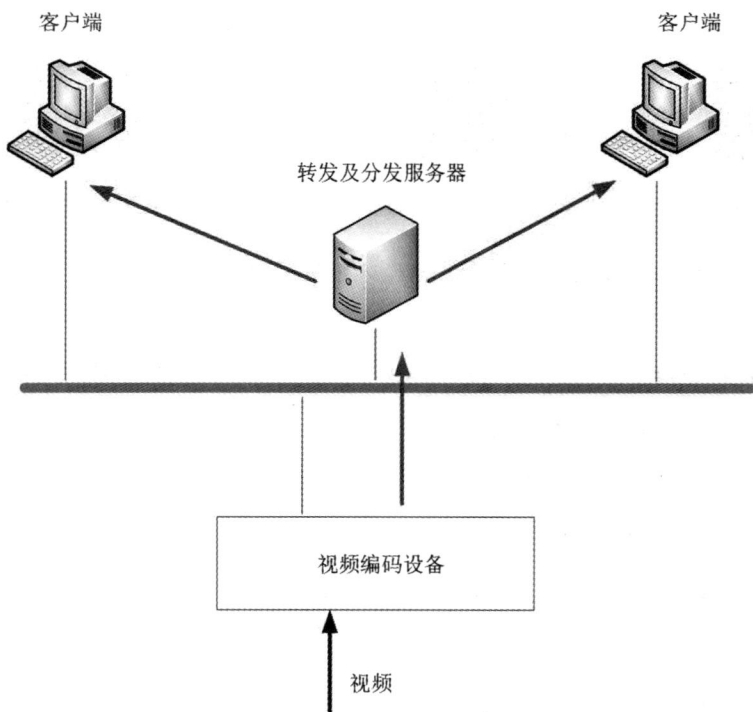

图 20-2 流媒体转发及分发策略图

任务二十一 视频监控软件的创新点分析

知识目标	能力目标	素养目标
了解视频监控软件的个性化时代； 了解视频监控软件的发展历程； 了解视频监控软件的市场及市场竞争	用好定制化"武器"	以人为本，增强保密意识，严守纪律

一、知识点

（一）知识点 1：视频监控软件的个性化时代

安防行业经过多年的高速发展，形成了智能化、网络化、高清化的发展方向。而视频监控软件作为核心，连接诸多安防产品，对安防行业的发展起到了至关重要的作用。

纯视频监控软件厂商基本成为过去式，在供给端，安防行业开始进入安防大融合的阶段，产品和平台软件之间捆绑得更为紧密。在消费端，经过长期的市场培育，用户对视频监控软件的关注度也有了极大提升，从单纯的产品参数比较发展为关注应用、体验、智能等多元化的要求。

（二）知识点 2：视频监控软件的发展历程

视频监控软件的发展往往依托于安防产品技术的演进，从系统应用上可以大致分成以下几个阶段。

1. 第一阶段：模拟监控系统

平台软件和视频采集卡部署在一起，实现模拟图像的预览、存储和回放，这个阶段管理的规模和图像清晰度均有限，无法提供远程访问。

2. 第二阶段：数字监控系统

视频采集卡的集成化、嵌入式化，各类数字硬盘录像机、编解码器等产品的出现，安防系统进入数字化阶段，录像存储时长、产品稳定性均有大幅度的提升，视频监控软件的功能应用则在之前基础上有了长足的进展，同时也拉开了联网监控的序幕。

3. 第三阶段：网络高清监控系统

从标清到高清，从高清到 4K，视频监控已经不满足于看得见，更要求看得清；视频监控的规模也从原来的本地化管理发展为网络化、集群化管理。

此阶段的视频监控软件基本具备 Web、Client、APP 等应用介质，各种适配网络设计的应用涌现。

4. 第四阶段：行业智能化视频监控系统

视频监控系统的设计理念在消费端、生产端基本达成共识，利用视频相关的技术结合用户行业特色实现行业化融合，进一步拓展视频监控的应用领域。

此阶段视频监控软件往往会结合具体的行业，诸如公安、交通、司法、金融等，提供垂直化的应用体验。

5. 第五阶段：行业云系统

随着国内网络的普及，以及网络速率的提升和网络费用的下降，视频监控软件逐步实现虚拟化，用户不再需要建设、运维费用高昂的机房，而可直接采购安防产品和相应的视频服务。

（三）知识点 3：视频监控软件的市场及市场竞争

随着硬件产品的标准化和功能的日渐丰富，用户的注意力转向应用、业务体现更为鲜明的视频监控软件。

1. 行业级市场

行业级市场以公安、交通、司法、金融、文教等政府或政企类用户为代表，项目规模大且复杂度相对较高，但能够通过标准规范的制定形成大规模批量的效应。

2. 消费级市场

消费级市场以民用、房地产、制造型、连锁店等企业类用户为主，项目规模小且系统简单，用户分散，各垂直领域没有相应的组织或机构来进行标准的制定和推广，缺乏技术规范。以上情况决定了针对此领域的视频监控软件的差异化较大，行业化推进过程中势必会和传统的垂直领域厂商发生竞争关系。

在竞争环节，从最早的软件企业、安防产品制造企业提供各类配套产品的客户端，到软件企业和安防产品制造企业合作，再到综合安防企业在垂直细分领域的拓展和延伸，视频监控软件的竞争将是用户影响力、渠道开发等综合实力的比拼。

🔍 二、技能点

（一）技能点 1：用好定制化"武器"

1. 基于完善平台业务的需要

安防行业的营销链相对较长，需求探索的效率较低，最直接有效的方式就是通过项目来获取需求，借项目推进监控平台的完善。

2. 基于第三方兼容的需要

由于安防行业庞大的存量市场和众多的企业，项目运作中经常需要通过定制实现监控平台对第三方硬件的兼容。

3. 基于集成的需要

各类 O2O、智慧社区、商业运营厂家等需要利用智能化视频监控系统却又不愿对接诸多繁杂的硬件产品，项目运作通过定制化来实现集成需求，比较常见的是缴费、寻车等应用。

（二）技能点 2：正确认识平台定制的缺点

平台定制也有一定的缺点，比如内部代码版本管理繁杂，多分支带来维护上的难度，版本升级、缺陷修复等都需要对之前的分支、版本进行管理，附带上验证测试，整体工作量较多等。

总体来说，定制化对于安防企业是利大于弊的。行业是动态发展的，用户在变，市场在变，行业化的产品及解决方案也需要与时俱进。这需要厂家深入了解用户的业务，创造性地辅助用户原有的业务流程体系，提供符合用户诉求的视频监控平台。

随着市场发展，行业将更加细分和专业化，新技术应用和跨界企业加入，竞争与合作将在每一个垂直领域充分展开。

届时，视频监控软件仍将通过个性化和定制化发展，持续性地完善自身竞争力和提升行业契合度，更好地服务于大众。

REFERENCE 参考文献

[1] 中华人民共和国公安部. 安全防范工程技术标准: GB 50348—2018 [S]. 北京: 中国计划出版社, 2018: 11.

[2] 中华人民共和国公安部. 视频安防监控系统工程设计规范: GB 50395—2007 [S]. 北京: 中国计划出版社, 2007: 7.

[3] 全国安全防范报警系统标准化技术委员会. 公共安全视频监控联网系统信息传输、交换、控制技术要求: GB/T 28181—2022 [S]. 北京: 中国标准出版社, 2022: 12.

[4] 中华人民共和国公安部. 安全防范工程通用规范: GB 55029—2022 [S]. 北京: 中国计划出版社, 2022: 7.

[5] 中华人民共和国公安部. 入侵报警系统工程设计规范: GB 50394—2007 [S]. 北京: 中国计划出版社, 2007: 7.

[6] 中华人民共和国公安部. 出入口控制系统工程设计规范: GB 50396—2007 [S]. 北京: 中国计划出版社, 2007.7.

[7] 中华人民共和国住房和城乡建设部. 通用安装工程工程量计算规范: GB 50856—2013 [S]. 北京: 中国计划出版社, 2013: 4.

[8] 中华人民共和国公安部. 出入口控制系统 控制器: GA/T 1739—2020 [S]. 北京: 中国标准出版社, 2020: 9.

[9] 全国人民代表大会常务委员会. 中华人民共和国政府采购法 [EB/OL]. (2014-08-31) [2024-07-12]. https://flk.npc.gov.cn/detail2.html? MmM5MDlmZGQ2NzhiZjE3OTAxNjc4YmY3N2UxNzA3NTM%3D.

[10] 国务院. 中华人民共和国政府采购法实施条例 [EB/OL]. (2015-01-30) [2024-06-11]. https://flk.npc.gov.cn/detail2.html? ZmY4MDgwODE2ZjNjYmIzYzAxNmY0MTI5MGJiYzFhNzY%3D.

[11] 全国人民代表大会常务委员会. 中华人民共和国招标投标法 [EB/OL]. (2017-12-27) [2024-07-10]. https://flk.npc.gov.cn/detail2.html? MmM5MDlmZGQ2NzhiZjE3OTAxNjc4YmY4OGYxNzBiMzE%3D.

［12］国务院．中华人民共和国招标投标法实施条例［EB/OL］．（2019-03-02）［2024-06-10］．https：//flk. npc. gov. cn/detail2. html？ZmY4MDgwODE2ZjNjYmIzYzAxNmY0MTBhYWM0NDEzMDc％3D．

［13］全国人民代表大会．中华人民共和国民法典［EB/OL］．（2020-05-28）［2024-06-12］．https：//flk. npc. gov. cn/detail2. html？ZmY4MDgwODE3MjlkMWVmZTAxNzI5ZDUwYjVjNTAwYmY％3D．

与本书配套的二维码资源使用说明

  本书部分课程及与纸质教材配套数字资源以二维码链接的形式呈现。利用手机微信扫码成功后提示微信登录，授权后进入注册页面，填写注册信息。按照提示输入手机号码，点击获取手机验证码，稍等片刻收到 4 位数的验证码短信，在提示位置输入验证码成功，再设置密码，选择相应专业，点击"立即注册"，注册成功。（若手机已经注册，则在"注册"页面底部选择"已有账号，立即登录"，进入"账号绑定"页面，直接输入手机号和密码登录。）接着提示输入学习码，须刮开教材封底防伪涂层，输入 13 位学习码（正版图书拥有的一次性使用学习码），输入正确后提示绑定成功，即可查看二维码数字资源。手机第一次登录查看资源成功以后，再次使用二维码资源时，在微信端扫码即可登录进入查看。